U0157284

# 消失的名菜

广州博物馆 著

广州出版社

GUANGZHOU PRESS

## 《消失的名菜》编委会

| 主　　任 | 杜新山 | | | | |
|---|---|---|---|---|---|
| 副 主 任 | 朱小燚 | 陈晓丹 | 刘瑜梅 | 刘炬培 | 梁凌峰 |
| 编　　委 | 刘景明 | 杨　斌 | 李　峰 | 吴凌云 | 陈瑞明 |
| 执行编委 | 朱晓秋 | 李明晖 | 邓颖瑜 | 卓泰然 | 李沛琦 |
| | 朱嘉明 | 温梦琳 | 张艳玉 | 徐锦辉 | 苏锦辉 |
| | 苏　侃 | 何舒然 | 刘燕姗 | 高志斌 | |

## 陸羽居

腰花糯米雞　軍票三拾五錢　儲券一元九毫四

◄名貴美點►

芙蓉蝦薄餅　軍票二十錢　儲券二元一毫壹
千層鱸魚塊　軍票十五錢　儲券二元一壹
合桃焗蝦筒　軍票八毫五　儲券八毫三
三絲蚧肉卷　軍票八毫三　儲券八毫三
臘味蘿白糕　軍票十五錢　儲券八毫三
蠔油义燒飽　軍票八毫五　儲券八毫三
鮮蝦鳳冠餃　軍票十錢六　儲券伍毫

崧化旦黃撻　軍票八毫五　儲券八毫三
欖茸香酥角　軍票十五錢　儲券八毫三
鳳凰椰絲戟　軍票八毫三　儲券八毫三
蓮糖煎軟糕　軍票拾錢三　儲券八毫三
玫瑰鴛鴦卷　軍票拾錢六　儲券伍毫六
鷄油馬蹄糕　軍票拾錢六　儲券伍毫六
生焗桂林糕　軍票拾錢六　儲券伍毫六

◄小食鹵味►

鳳凰會鮮肚　軍票四十錢　儲券二元五毫
酥脆炸新蠔　軍票二十五錢　儲券二元四毫五
梨喱炊子鷄　軍票四十錢　儲券二元五毫
三絲扒紹菜　軍票四十五錢　儲券二元五毫
酸菜牛龍珠　軍票二十五錢　儲券二元四毫
翡翠玉龍珠　軍票四十五錢　儲券二元五毫
洋菜燉陳腎　軍票二元五毫　儲券二元五毫

油鷄白鷄　軍票六十錢　儲券三元三三
花心珍肝　軍票七拾八　儲券五二七八
明爐乳猪　軍票三拾八　儲券三元八九
合時臘味　軍票四拾五毫　儲券二元九錢四
飯菜　每碗　軍票十四錢五　儲券一元六七

乳鷄
油鷄
燒猪肚
非骨
鹵
咸旦利明

飯菜　每碗

臘味飯每碗　軍票叄毫九　儲券三拾五錢九

◄長壽東路奇昌承印►

◄著名食麵河粉米粉►

巧製飯品

**鷄什炒米粉** 每碟 八毫　　**生魚片米粉** 每碟 八毫

紅圖大麵　每碗壹元半　大壹元六　小八毫
鷄球麵　每碟壹元三毫六
蚧肉伊麵　每碟壹元五
汀洲伊麵　每碟壹元八
蝦子素麵　每碟壹元
羅漢齋麵　每碟八毫
蠔油炒麵　每碟八毫
鷄絲炒麵　每碟八毫
揚州窩麵　每碟八毫

鮮蝦仁炒粉　每半賣壹元
鮮蝦仁炒麵　每半賣壹元
蝦仁炒麵　每半賣八毫
排骨炒麵　每半賣六毫
肉絲炒麵　每半賣六毫
牛肉絲炒麵　每半賣六毫
曾冬菰麵　每碗伍毫
蝦仁會麵　每碗伍毫

伊府會麵　每碗伍毫
鷄絲會麵　每碗三毫五
上湯麵　每碗三毫五
排骨麵　每碗三毫五
滑牛肉麵　每碗三毫五
炸醬麵　每碗式毫五
甫魚麵　每碗式毫五
滑牛米粉　每碗式毫五
肉牛炒河粉　每半賣三毫五

◄長壽東路奇昌承印►

羅漢齋飯　每碟八毫
親視蝦仁飯（滑旦）　每碟壹元式
鷄球子飯　每碟壹元式
上湯會飯　每碗伍毫　牛寶壹元

曾鷄什飯　每碟八毫
架喱汁鷄絲飯　每碟八毫
茄汁鷄絲飯　每碟八毫
蠔油鷄絲飯　每碟八毫
遠菜田鷄飯　每碟八毫

揚州炒飯　每碗三毫五　牛寶八毫
滑牛蛋飯　每碟三毫五
滑牛肉飯　每碟六毫
茄汁富旦肉飯　每碟六毫
蠔油窩蛋飯　每碗三毫五

太平南路　　(陸)(羽)(居)(酒)(家)(常)(備)(筵)(席)　(電話)

▲特別裝置時壹式
▲三種燈登參陸玖式

●●食在廣州　陸羽居調味與湯水　尤爲巧手凡經
光顧　定知不謬　實事求是　不尚誇浮
本居的┃菜式┃點心┃小食┃鹵味種種更爲可口
價錢與味道　都應研究
莫個聽價唔聽斗

配合相宜　全桌菜式（五大碗　二小碗　點心一度）
嚴茶香巾席捎包
在價內拾伍元算
●蟹蓉燕窩
冬瓜炖鴨
南華雙鴿
花膠鷄絲
山渣杏露
炒芙蓉蝦
鷄肝雀片
生炒田鷄
脯魚豆腐

配合相宜　全桌菜式（六大碗　四小碗　點心二度）
嚴茶香巾席捎包
在價內弍拾元算
●燜鷄魚翅
明爐切乳猪
三脚冬瓜
腿汁扒芥菜
鴛鴦炖神仙鴨
蠔油鮮菇袜
夜合鷄肝片
凉瓜田鷄
鐵扒鱸魚

配合相宜　全桌菜式（六大碗　四小碗　點心一度）
嚴茶香巾席捎包
在價內廿伍元算
●蟹肉魚翅
片皮乳猪
鮮蓮冬瓜盅
五柳石班
文絲豆腐
桂花時菓露
蠔油炆子鷄
夜合鷄肝片
大地田鷄

配合相宜　全桌菜式（十大件　點心一度　伊麵九）
嚴茶香巾席捎包
在價內參拾元算
●蟹黃魚翅
金陵掛鴨
鮮蓮冬瓜盅
燕窩白鴿蛋
蟹汁石榴
文炸子鷄
蠔油炆子鷄
鮮菇扒豆腐
百花煎雀甫
夜合鷄肝片
合桃甜杏露

星期美點。散餐小酌。逐加時菜。粉麵飯品。另牌披露。

陸羽居啟

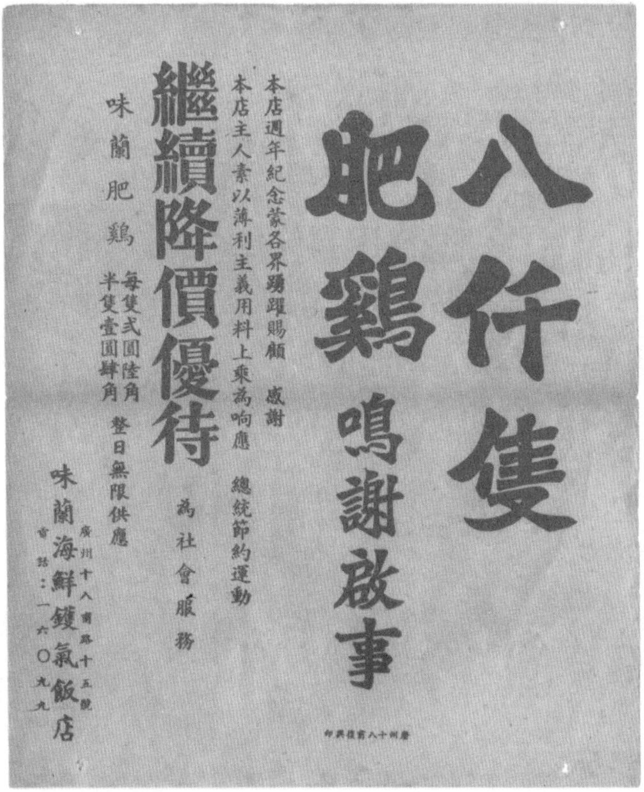

味兰海鲜镬气饭店的
『八千只肥鸡鸣谢启事』
民国

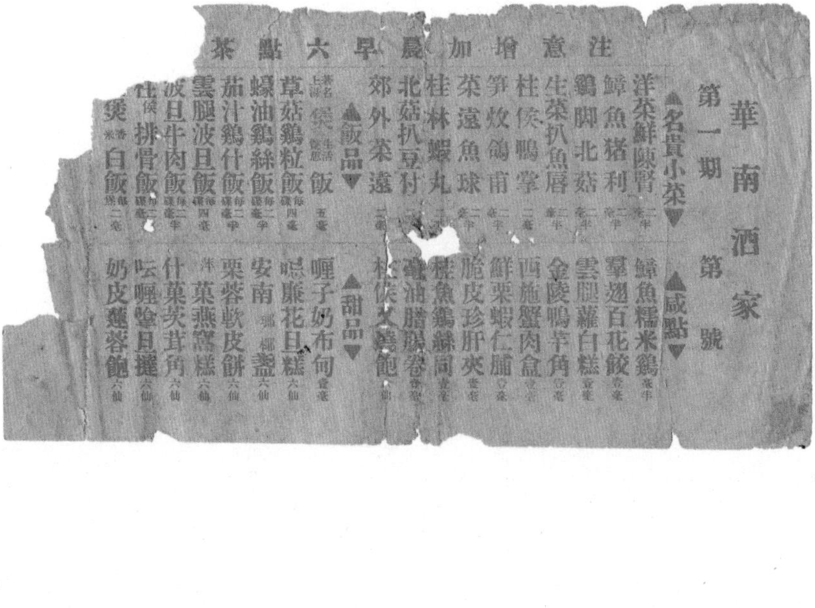

八仟隻肥鷄鳴謝啟事

繼續降價優待

味蘭肥鷄

本店週年紀念蒙各界踴躍賜顧 威謝
本店主人素以薄利主義用料上乘為響應 總統節約運動 為社會服務

每隻式圓陸角 半隻壹圓肆角 整日無限供應

味蘭海鮮鑊氣飯店
廣川十八甫第十五號
電話：一六○九九

华南酒家菜单第一期
民国

華南酒家 第一期 第一號

▲名貴小菜▼ ▲咸點▼
洋茶鮮陳腎 蠔油糯米鷄
鱘魚猪利 羣翅百花餃
鷄腳北菇 雲腿蘿白糕
生菜扒魚唇 金陵鴨芋角
柱侯鴨掌 西施鬙肉盒
桂花腐同 脆皮珍肝
菜遠魚球 鮮蝦仁腸
筍炆甫 栗茸蝦仁
郊外茶遠 鷄油臘腸卷
北菇扒豆付 糕燒鴨絲同
桂林螺丸 杜侯文雀飽

草菇鷄粒飯 ▲甜品▼
蠔油鷄絲飯 喱子奶布甸
茄汁鷄什飯 嗯嚟花且糕
雲腿波且飯 安南椰且翅
波且牛肉飯 栗茸軟皮餅
什菜茨茸角
艮嚟蟹且攛
排骨飯 奶皮蓮蓉飽
白飯

VIII
华南酒家菜单第三期
民国

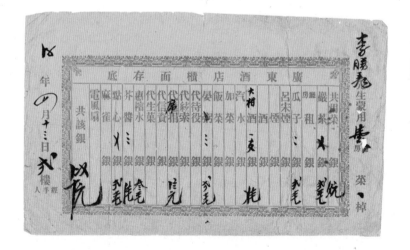

IX
广东酒店存底单
民国

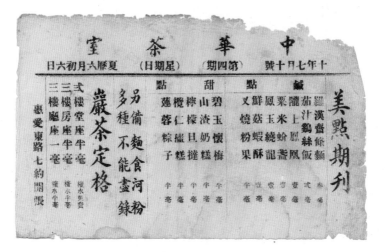

序

　　从 2020 年 10 月"消失的名菜"第一季亮相，到 2023 年中第三季即将上线，"消失的名菜"项目走过了快四年的时间。基于广州博物馆馆藏的老菜单和老菜谱，博物馆与岭南商旅集团旗下的中国大酒店团队对业已消失的民国味道进行还原、重塑和创新，实现对深藏在博物馆的文物的活化利用，充分展现了博物馆的研究能力，更体现出酒店业在打造高质量餐饮产品及服务上的强大优势，以及文旅融合大背景下对全新的文创开发模式的探索和实践。

　　早在 2018 年甚至之前，得益于文博同行、老前辈及饮食界老行尊无私的文化共享精神，一批老菜单、月饼广告单和老菜谱就被系统性地收集和研究，在广州博物馆和中国大酒店的联袂合作下，"消失的……"项目在 2020 年底开始萌芽，逐渐向根深叶茂的参天大树稳步生长，形成了名菜、月饼、点心、饮料等多个子系列，形式丰富多样的"博物馆里吃文物"文创体验活动，以及由此衍生出的美食文化沙龙、社会教育活动、美食文创空间等众多文化创意产品。文物与美食、文化与旅游的相互贯通和交融，为"消失的……"项目注入源源不断的生命力。

近四年中，有困难、有挫折，但也有突破、成长和成绩。2021年的国际博物馆日，凭借"消失的名菜"项目，广州博物馆从广东省博物馆协会副理事长张建雄手中接过"广东省最具创新力博物馆"的荣誉；同年，岭南商旅集团旗下的中国大酒店则获得由中国旅游研究院和中国旅游协会颁发的"2021文旅融合创新项目"殊荣。2021年中秋节当晚，"消失的月饼"登上中央电视台新闻联播；月饼盒基于文物的古典之美，融合民国滋味的还原和重塑，让国人领略到广州在传统文化创造性转化、创新性发展取得的新成果。以馆藏国家二级文物元素为灵感打造的"粤色中国"礼盒，目前在中国国家版本馆广州分馆的"广式月饼文化专题版本展"中展出，为中华文明的种子基因库又添一粒传承岭南文化的种子。

中国大酒店"消失的名菜"主题宴席多次展现在重要的政务活动中，以及经济与文化交流平台上，成为第130届广交会接待重要嘉宾的主题晚宴以及2021年"读懂中国"国际会议的定制宴会服务。以"食"连接世界，以"味"打动人心，"消失的……"项目从纸面文物到餐桌上的五滋六味，再到文物旧址里沉浸式的文创体验；从名菜，到点心、月饼；从镇海楼，到广州、中国乃至全球，让越来越多的群体从文物、从旧时代的老滋味里认识广州，读懂广州。

2022年，中共广州市委常委、宣传部部长杜新山调研岭南商旅集团旗下花园酒店博物馆、中国大酒店"消失的名菜"体验馆时，了解到广州博物馆"消失的……"项目的研发、创作和宣传推广的过程，并给予了高度的认可，当即提出要将项目整理出版。在这一契机驱动下，广州博物馆与中国大酒店共同对该项目的研究成果和研发资料作系统梳理。这既是文博工作者面向公众进行宣传教育的渠道，也可以供后来的研究者、策划者借鉴。如果说观众的每一次体验、媒体的每一次报道，都是对"消失的名菜"项目的无形印记，那么对这一项目的缘起、经过、意义，以及研究成果进行总结、提炼和升华，则是项目得以继续深化存续的实体成果。我们不仅能通过博物馆对文物的转化利用，在中国大酒店的餐厅看到、品尝到那业已消失的菜品，还可以跟随博物馆研究人员、中国大酒店研发团队的足迹，了解菜品在历史背景以及复原过程中的故事和内涵，逐字逐句解读民国菜单、菜谱上的历史文化信息和时代精神，通过"吃"这扇窗口，真实地触碰那个逝去的年代，看那个时代的人，认识我们的广州。

是为序。

广州博物馆

中国大酒店

2023 年 5 月

在地

食在广州的

近代往事

寻味

餐桌 从纸面到

情味

广州精神

菜单里的

融合

读懂广州

从名楼名菜中

# 缘起

从老菜单里
引发的思考

食，一日三餐也。作为人类生存发展的基本需要和前提，伴随着人类文明的发展，饮食文化和饮食市场逐渐产生，而菜单和菜谱作为厨房秘技、进食顺序、食事指南的载体，承载了无数的人情世故，可以从中看出当时社会的经济状况、政治氛围、民情风俗流变等文化内涵。近代以来，随着东西方文化的交流和广州城市经济的繁荣，广州食肆数量激增，竞争不断加剧，推动了菜单设计的变革，使之兼具广告功能。消费群体激增的同时，"食不厌精"的文化追求，推动着粤菜趋向品质化发展，一些重要场合的特定菜式及其文化内涵被确定下来。时代的饮食流变，都藏在了菜单里面。广州博物馆"消失的……"项目的缘起，正是发端于馆藏珍贵的民国老菜单。一张张散发着历史陈香的老菜单，记载着一道道当年享誉羊城的传统菜品，也让我们得以走近那个"食在广州"的年代。

粤菜起源于先秦，形成于汉唐，成长于明清，兴旺于民国，繁荣于当代，以其清淡、鲜美、精致的工艺和丰富的选材广受欢迎。广府人对美食的追求，绝不囿于偏安一隅。屈大均在《广东新语》中曾道："计天下所有之食货，粤东几尽有之；粤东所有之食货，天下未必尽有之也。"与"敢为天下先"的岭南文化一样，粤菜融合中外饮食文化，并结合地域气候特点不断创新。广州历来是一座多元、包容的城市，在饮食上更是兼收并蓄，至清代，粤菜师傅们不断吸收其他菜系的精华，加以改良和创新，使粤菜迅猛发展，成为我国四大菜系之一，并登上了"执牛耳"的地位。辛亥革命以后，粤菜也日臻成熟，"食在广州"的招牌享誉海内外。

改革开放以后，粤菜得到了快速发展，同时也受到全国各地以及国际上不同餐饮文化的影响。在这样的背景下，粤菜开始向多元化、创新化、现代化方向发展。一方面，许多地方美食和烹饪技艺被吸收到广东的菜肴中，使其更加地丰富和多样化。另一方面，随着生活质量的提高和人们对健康的关注，健康、精致、时尚的概念也被引入粤菜中，促使粤菜的烹饪技艺得到提高，食材的选择更加丰富。粤菜的发展得益于海纳百川的优良传统，吸收了各地餐饮文化的精华，不断推陈出新，从而获得了更为广泛的认可和赞誉，成为中国餐饮文化中的重要组成部分。

广州博物馆作为展示与传播本土历史文化的重要窗口，保存着众多从秦汉至民国反映广州饮食发展演变的文物，时间跨度达两千多年，从炊煮用具、餐饮器皿，到农业生产、饮食遗存，尤其是民国老菜单、老菜谱和食品广告，更是广州餐饮业辉煌的见证。在不少人眼中乏善可陈、不受重视的历史文本，实际上却是寻觅"地道广味"的宝藏线索，其蕴含的历史信息十分丰富。由这些菜单可以发现，当年的菜式从命名到分类，都与现在有很大不同。那时的酒家会提供多款菜单供不同的食客选择：有的用于普通食客的日常点餐，有的则是为筵席而专设，还有每周推出新品的"星期菜单"。种类繁多的菜单正是粤商顾客至上、注重服务精神的体现。如何从文物菜单出发，让社会大众得以超越影视音像和文字史料，走近那个"食在广州"的年代，真真切切领略民国广州饮食业的风采，为广州市民留住乡愁与记忆，守护本土饮食文化，擦亮"食在广州"这张享誉中外的城市品牌，成为广州博物馆的一项重要课题。

基于博物馆对文物的深入研究，利用传统的博物馆展览陈列、教育活动、社交媒体深度解读展示等宣传方式，固然可以让这些散发着历史陈香的老菜单、老菜谱重新回归人们的视野，将历史信息传递给观众，但却仅仅只能停留在视觉、听觉等层面。而美食作为色、香、味俱全，视、嗅、味诸觉皆备，注重体验过程的物质文化，仅仅依靠平面或三维进行呈现是不够的。为充分展现民国广州美食的历史文化意涵，实现文物从静态展示到活化利用、从纸上到餐桌上的转化，广州博物馆拓宽思路，转变文物利用思维，携手岭南商旅集团旗下的中国大酒店，共同研发"消失的……"项目，走出了博物馆与饮食业携手合作、跨界融合的探索之路。

　　基于馆藏文物研究、业内行尊口述和指导、餐饮团队研发试验和创作，从 2020 年起，在文旅融合的大背景下，"消失的名菜"第一季、第二季，"消失的月饼""消失的点心""消失的饮料"等文物活化项目横空出世，不但高度还原了那些已经消失的菜式，经过创新和重塑，让它们重回餐桌，走向市场，获得生生不息的活力，而且还创造性地以沉浸式原址体验的虚拟文创形式，突破传统博物馆的文物利用模式以及与观众互动的界限，在广州博物馆主馆址镇海楼畔、明城墙下、老电车上，让观众调动五感，身临其境地感受民国广州饮食之美和饮食之都的高光时刻。"消失的……"项目使文物真正"活"起来，而非仅仅陈列在展柜之中，让"博物馆＋""文创＋"等模式走进现实，恰如其分地融入公众的日常生活里。

　　近年来，地方政府对于擦亮粤菜这张"金字招牌"可谓是不遗余力。从 2020 年广东省委、省政府着力倡导推进的"粤菜师傅工程"

计划，探索粤菜师傅青年人才培育模式，到 2021—2022 年广州相继举办国际美食节、中华美食荟暨粤港澳美食嘉年华等高级别美食盛会，粤菜文化在新时代征程中注入了新的发展活力。趁此东风，"消失的……"项目逐渐成长为源源不断、生机勃勃的文创和文物活化利用品牌。2021 年，凭借"消失的名菜"项目，广州博物馆获得"广东省最具创新力博物馆"奖项，中国大酒店获"2021 文旅融合创新项目"殊荣。2022 年，广州博物馆与中国大酒店为"消失的名菜"设计了专属的品牌 logo，这在博物馆界与酒店业都是一次创新，由此衍生出更多的文化产品，将进一步推动"消失的名菜"向品牌化发展。文物与名菜，撩拨着食客老饕的味蕾，探讨着新时代文旅发展的可行路径，表达着百年来广州独有的"人间烟火气"，向世人展示广州风采，讲述广州故事，引领社会由此读懂广州。"消失的……"项目，将迎来一个更广阔的发展前景和未来。

壹

# 溯源

博物馆里的
广州味道

以广州为中心的粤菜，

是岭南饮食文化的代表。

广州濒江临海，自古物产丰饶，

加之粤地中外食材云集，

南北烹饪技艺切磋碰撞，

既丰富了餐桌上的佳肴，

又充实了广府饮食的内涵，

羊城逐渐形成了尚鲜求精、知时而食、

药膳同源的广式饮食文化。

让我们从广州博物馆文物里

去找寻、去品鉴这份传承千年的广州味道。

# 三牲五鼎：
## 汉代岭南饮食指南

　　广州饮食文化源远流长，其形成和发展由岭南地区独特的自然环境和人文因素所决定。得天独厚的地理位置和气候条件，使岭南的各种资源、物产极为丰富。秦平岭南后南越国建立，岭南社会趋向稳定，农业发展迅速，为岭南饮食文化的形成奠定了物质基础。秦汉时期，治粤的王公贵族带来了北方各地的饮食习俗。大量随官南迁而来的官厨高手，把全国各地名肴美食的烹制技艺介绍给岭南人民，促使岭南烹调技术不断提高。南北佳肴在此碰撞、交融，形成了开放兼容而又独具特色的饮食文化。

## 岭南鱼米乡

　　岭南位于我国大陆南部，北面五岭横亘，东南濒临南海，境内地貌多变，既有高山丘陵平原，又有江河湖泊，地处亚热带—热带，气候温暖潮湿，全年降水充沛，江河流量大、汛期长，动植物类的食品资源非常丰富。广州地处珠江三角洲冲积平原，东江、西江、北江三江在此汇流，土壤肥沃，水网密布，十分适宜发展农耕和渔业。便利的交通和优良的港湾，为广州的物产交流和贸易提供了得天独厚的条件。

　　以南越王宫署遗址为代表的广州汉墓出土发现有稻谷。籼、粳是当时的主要栽培品种。杨孚《异物志》载："稻，交趾冬又熟，农者一岁再种。"说明岭南在汉代已种上双季稻。汉代岭南的水稻已采用水田耕作，广州博物馆藏东汉陶水田模型[1]就反映了当时的耕作水平，再现了汉代珠江三角洲双夏农忙的情景：刚收割完的稻田已翻土，农民忙于播种、修理农具。陶水田旁有插秧船，反映了珠三角地区以水稻为主的农业特色。从模型可以看出，当时已垦辟出方整的水田，田间有田埂，以便施肥或田间管理。田主要靠人工水渠灌溉，与南方水源充足有很大关系。田内还有纵横成行的坑穴，

1
陶水田
东汉
1962年广东佛山澜石出土

2
陶仓（右）、陶囷（左）
东汉
广州博物馆藏

说明当时的水稻栽培已注意到行距、株距的疏密布置。这证明最迟到东汉时期，岭南地区已有发达的灌溉系统和向精耕细作发展的稻作农耕体系，水田的开垦、稻谷的种植与收割，已形成一定的规模。

广州出土有不少汉代陶牛，说明在当时牛耕已广泛应用。牛耕的推广对农业发展起到决定性的作用，它减轻了人的劳动强度，节省了大批劳力，提高了耕作的效率和质量：比人工翻土提高了6～7倍的效率，而且牛耕翻土平整均匀，深厚有度，使作物产量提高。另外，广州出土的汉代陶屋大多设有厕所和畜栏，便于收集肥料，有助于粮食增产。前述水田模型的田间有堆肥，可见当时人们已懂得使用基肥增加地力，以求高产。另外，汉代广州已经普遍出现余粮的储备。为适应南方多雨潮湿的天气，当时的仓库采用干栏式建筑，即仓房高架于四根圆柱上，以利于通风防潮。广州东汉前期墓葬出土的陶仓廪内存放有已炭化的水稻。[2]这种粮仓的出现，说明储粮、屯粮已成为当时农业生产的一个重要流程。

由于有利的自然条件，岭南的蔬菜栽培起源较早，汉代文献中关于岭南蔬菜的记录就有大薯、芋、姜、韭菜、莲藕、茄子、慈姑、竹笋、芡实、薏米、菱角等种类。岭南水生植物丰茂繁盛，很早就被培养成人工栽培的蔬菜，如慈姑、菱角、芡实等。这些蔬菜营养丰富，淀粉含量高，既可充饥，又可作佳肴。《广志》记"茈可食……生南方"，说明慈姑在汉代已经作为蔬菜食用。《后汉书·马援传》记载岭南芡实既可利水，又可轻身。又有《异物志》记载"石发：海草，生海中石上……以肉杂而蒸之，味极美，食之近不知足"。

两广地区汉墓出土的五谷杂粮和果类非常丰富，且已与其他地区有物种交流，大批的岭南佳果作为朝贡品源源不断地往外输出，在《西京杂记》中记载了南越王赵佗把荔枝献给汉高祖一事。除了四大佳果外，椰子、甘蔗也是南方有名的水果，佛手、柚子、橄榄、乌榄、杨梅、桃、李、人面子、酸枣等，亦为人们喜爱的果品。广州汉墓中有不少陶多联罐出土，里面就有上述各种果核的遗存，如广州西村五联罐出土时还尚存梅核。[3, 4]

西汉中后期，岭南农业发展迅速，需要大量畜力和厩肥，推动了畜牧业的发展，南越人逐渐从采集和狩猎转向农耕生产和禽畜饲养。这一时期出土的器物中，陶屋模型多设有专门喂养禽畜的空间，畜牧业成为每个家庭必不可少的副业，所以各种猪、牛、羊、鸡、鸭、鹅等动物俑较为多见。[5] 这一时期的遗迹中发现了大量猪骨和陶猪，可见猪的饲养最广泛，无论是原住越人还是南迁汉人，都以猪为主要肉食来源。从陶猪的造型看，当时已经育出耳小、身肥、头短、品质优良的华南猪。广州博物馆藏东汉陶猪中公猪和母猪皆有，一母猪身上还附有三只在吃奶的小猪，反映了汉代广州地区对动物的繁殖和饲养已经具有良好的经验。

3
陶双联罐
西汉
广州博物馆藏

4
陶五联罐
西汉
广州博物馆藏

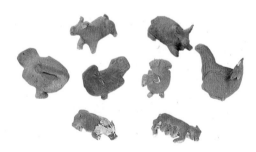

5
陶动物俑（羊、牛、鹅、鸭、鸡、猪）
东汉
广州博物馆藏

## 选材广博　奇杂精细

受限于农业生产水平低下，古越族的主粮产量无法满足生活需求，于是他们便从优越而独特的自然环境中拓展食料资源，无论是水果、昆虫还是贝类，都成为其饮食原料的重要组成部分。即使到了秦汉时期，岭南地区的耕作技术大为提升，粮食产量提高，粤人还是保留了取料杂博、无所不食的饮食习惯。南越王墓和南越王宫署遗址出土了大量动植物遗存，其中有鸡、猪、鳖、鱼、河蚌、梅花鹿等 20 种动物，另有粟、冬瓜、甜瓜、乌榄等 40 种植物，反映出当时岭南地区多样的植物生态和饮食结构。

广州河网密布，濒江临海，水产丰富，南越先民因地制宜从江河和海洋获取食物。《博物志》云："东南之人食水产……食水产者，龟蛤螺蚌以为珍味，不觉其腥臊也。"事实上，广州人在长期嗜食海鲜的过程中，总结出去除腥臊的方法。各种鱼、蛤、螺、龟、鳖、蚌、牡蛎、蚬等是越人喜爱的水生动物品种，这种饮食习惯一直影响至今。岭南人喜食海鲜、善于烹制海鲜闻名全国。广州汉墓出土的海产鱼类等就有楔形斧蛤、泥蚶、青蚶、笋光螺、河蚬、虾、大黄鱼、鲤鱼、花龟、鳖等。[6,7]

早在两千多年前的汉代，南越地区即有食蛇的风俗。《淮南子》记载："越人得蚺蛇，以为上肴。"越人善于烹制蛇肉，并一直影响至今，近代广州城内出现过专制蛇羹的食肆。

野鸟于越人来说是美味佳肴，如鹧鸪，《异物志》有"其肉肥美，宜炙，可以饮酒，为诸膳也"的记载。考古发现南越王储放炊具与食物的后藏室中的三个陶罐里，有大量禾花雀（学名黄胸鹀）碎骨骼，估计有 200 只的分量，这些碎骨架中混有炭粒，显然是

6
南越王墓出土的青蚶、楔形斧蛤
南越王博物院藏

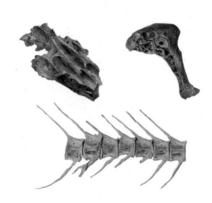

7
南越王墓出土的水产动物遗骨
南越王博物院藏

经过南越御厨的加工处理。[8] 禾花雀南迁时,沿途啄食正值秋天灌浆期的稻谷,因此肉厚膘肥,富含蛋白质,一直被本地居民大量捕食。广州博物馆藏民国菜单里仍有名为"焗禾花雀""炸禾花雀"的菜肴。当然,如今禾花雀被列为国家一级重点保护野生动物,我们不可能再捕食。

广州地处亚热带、热带,光热资源充足,适宜种植各类瓜果。南越先民在栽培种植五谷的同时,也开始进行野菜、野果的人工栽培，开辟植物性的佐食食源。交通的发展和对外贸易的繁荣也促进了广州与各地物产之间的交流，极大地丰富了本地食材。汉代广州人种植的蔬果或调味料就有荔枝、橄榄、柑橘、桃、李、甜瓜、黄瓜、葫芦、杨梅、酸枣、人面子、柚、柿子、姜、花椒等，当时肉羹中还配有笋、芋、豆等素菜。[9]

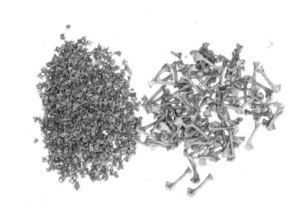

8
南越王墓出土的禾花雀残骸
南越王博物院藏

9
第一排：李子核、花椒、橄榄、乌榄
第二排：酸枣核、梅子核、人面子、榄核
东汉
广州博物馆藏

## 因材施艺　烹调有度

《史记·货殖列传》记载："楚越之地，地广人稀，饭稻羹鱼，或火耕水耨。"即岭南地区是以煮饭、煮粥、烹鱼、煮菜为主。秦汉以前，岭南地区先民的烹饪方法以蒸煮法为主。

西汉时期，人们除了将稻米煮成干饭或粥外，还懂得将米磨成粉、加工成面条状食用。东汉时已经摸索出以稻米为主食的多种食法。广州景泰坑出土的陶舂米俑和簸米俑[10]展示的正是汉代岭南地区常见的粮食加工场景：一人持杆对臼而舂，将水稻去壳；一人扬箕以簸，将稻壳筛出，使米与谷壳、米糠分离。这种粮食加工方法沿用了两千多年，20世纪八九十年代广州郊区农村仍用杵臼加工谷物。

两汉时期，入粤的中原人带来了中原的炊具，使岭南饮食出现了汉化的过程。汉代的厚葬之风，使我们可从墓葬出土的众多明器炊具和食具中，窥见两千多年前岭南人的烹饪方式。

10
陶舂米俑（右）、陶簸米俑（左）
东汉
广州博物馆藏

铜鍪原是巴蜀文化的产物，秦灭蜀后，统一岭南时把这种炊具带到了广州。广州博物馆藏秦代铜鍪为已发现的、岭南地区最早的铜鍪。其体形硕大，单耳，是战国时期常见的耳环样式。[11] 南越王墓和贵族墓出土了不少双耳铜鍪，内有猪骨、鸡骨、鱼骨、蛋壳、青蚶、龟足等物，器底多有烟炱痕，有的附有铁三足架，有的还放有铜勺，可证明其具有煮食功能。

广州地区出土的大量两汉时期的炊具和食具，主要还有鼎、釜、锅、瓮、钫、壶、多联罐、匏壶、耳杯、碗、豆、案等，说明当时的饮食器制作趋向精巧、细致，功能进一步分化，同时更讲究器具的配套使用，表明了当时岭南饮食水平有很大的提高。如釜上架有箅孔的甑，下设三足炉脚组合而成的甗，就是用于蒸食物的。

越式铜鼎是最具岭南本土特色的炊具。这种鼎器身一般素面无纹，有盘口鼎和深腹鼎之分，有对称的双立耳，三足为扁圆形，高足向外撇。铜鼎敞口状，防止粥汤外溢。这种炊具可煮饭、熬汤、煮粥，用途较广，不必垒灶，可直接在下面烧火。[12] 南越王墓出土的部分铜鼎底部有烟炱痕，证明了它是实用的炊具。

广州博物馆藏有一越式陶鼎[13]，鼎口别出心裁，边沿上特制一条唇形水沟，既能使沸腾的液体不致溢出，灌水时又能防止虫蚁爬进鼎内。腹部刻篆字"食官第一"，"食官"为王室中掌管膳食的官名，"第一"为编号。另外，广州市北郊汉墓出土陶瓮有"大厨"戳印，这是"大厨"首次见于文物之上，应当是南越国少府专门为厨官署监造。

另外还有夹砂陶釜、鼎、罐，这三种炊具下连三空足，与火接触面大，易使水煮沸或将食物煮熟。鍪、鼎、釜、锅等的大量出土，直观证明了蒸煮在汉代时就是广州烹饪的主要方式之一。

11
铜鍪
秦
广州博物馆藏

12
越式铜鼎
西汉
广州博物馆藏

13
越式『食官第一』陶鼎
东汉
广州博物馆藏

此外，汉代岭南人也懂得煎和烤。南越王墓出土有一件铜煎炉，分上下两层，上层如浅盘，底层有烟炙痕，类似今天的铁板烧。南越王墓还出土有铜烤炉[14]，其中一件的炉壁上有四头小乳猪，猪嘴朝天；当中是一长方小孔，可用来插放烧烤的用具。出土时烤炉旁边的一铜鼎内，还发现有猪骨，可见这个烤炉是专门用来烧烤乳猪的。烤乳猪源于西周，时称"炮豚"，属于"八珍"之一，如今烤乳猪在原产地北方地区失传，唯独在粤菜中流传下来，粤人将其发扬光大并广为流传。

西汉后期，陶簋在广州开始盛行，常与温酒樽、壶、盒等同置，主要用于盛黍、稷、稻、粱等。两广地区的簋有一特点，口沿高唇外侈，唇壁镂空，相对面都有两个圆孔，大概是用来插竹、木筷子，让盖子架起来，不至于盖密之后簋内剩饭剩菜变馊变质。[15]"簋"字在今粤语中仍通用，有"九大簋"之说，意为设宴盛情款待客人。粤方言中仍有不少饮食方面的古汉语流传至今：先秦古籍中称猪脊两旁嫩肉为"朡（音同枚）肉"，后来"朡"字被淘汰，中原人称"里脊"，但岭南仍用"枚"字假借，称"枚肉"；先秦文献形容肉之肥者为"肥腯"，岭北早已弃用，但今天广东人见到肥肉，就叫"肥腯腯"。由这些例子可见早期南北饮食文化的交流和粤菜历史的源远流长。

汉代岭南灶具的改革最为典型，早期灶具烟突短，灶身短，灶台上多列两个灶眼，灶门宽大敞开；中期的灶具灶身加长，锅眼增多，蒸食、煮饭、煮水可以同时进行。灶门缩小，以利扯风，烟突增长，以加强对灶膛进风。灶门还加砌了灶额，以阻挡烟灰飞上灶台。晚期的灶更注意利用热能，代表性的文物如广州博物馆藏东汉陶灶，灶身呈长方形，上置二釜一锅。灶后有龙首形烟突，灶门拱形，地台左侧有一俑，执扇扇火，右侧一狗蹲坐。灶身两壁间各附三口水缸，利用灶膛热力温水，是汉代岭南人对热能的认识和充分利用的最好例证。[16]

14
铜烤炉
西汉
南越王博物院藏

15
陶簋
西汉
广州博物馆藏

16
陶灶
东汉
广州博物馆藏

# 至味清欢：
# 唐宋老广的五滋六味

　　三国两晋南北朝以来，北方人口大量南下，为南方带来了先进的农业生产技术。伴随着劳动力的增加，南方大面积的林莽地区不断得到开发，其天然的农业优势逐步显现，至隋唐时岭南经济发展进入新的阶段。五代十国时期，岭南地区因山海阻隔，远离中原，形成了短暂的稳定局面，南汉政权下的广州社会经济和文化持续发展。

　　北宋统一中原后，政府推出了一系列促进农业生产的政策，岭南农业经济有了更大的进步。北宋末年及以后，随着北方士民大量南迁以及海贸交通的持续繁荣，再加上唐宋时期不少名人在岭南为官或游历，使中原和海外食材、烹饪技术流入岭南，大大丰富了粤菜菜系的内涵。岭南的饮食经过因地制宜的改造和创新，形成独树一帜的南食。

## 广南饮食的嬗变

南北农作物的交流，促进了岭南地区优良品种的推广，改善了广州人民的饮食结构。宋代北人南迁，仍保持面食习惯，面粉需求量较大。北宋时期重视农业，为防止干旱和解决粮食不足，政府下令包括岭南在内的南方诸州种植北方的粟、麦、豆、黍等旱生作物，"官给种与之，仍免其税"，适逢当时中国气候进入寒冷期，岭南春温偏低，于是岭南地区出现"竞种春稼，极目不减淮北"的现象。小麦在岭南的种植，促进了岭南面食、饼类等食品的盛行，当时岭南饼类竟达十几种之多，其中米饼为广州特产。

除主食之外，唐宋时期岭南地区菜肴多由河鲜海味、山珍野味、水果酒类构成。唐人还记载岭南妇女尤擅水果雕刻，把水果加工成花鸟、瓶罐结带等艺术造型。在宋都京师，王公贵族举行家宴时，一般都会摆放南粤女工制作的水果拼盘，皆因这种拼盘不仅清香扑鼻，味道甜美，而且造型奇特。

随着历史的发展，广府地区的果蔬品种更加丰富。"一骑红尘妃子笑，无人知是荔枝来""日啖荔枝三百颗，不辞长作岭南人"等名句让岭南佳果无人不晓。当时作为经济作物的水果，种植面积有所扩大，商品化程度也不断提高。唐宋时期文人对岭南地区饮食的记载不乏水果的史料，如唐代刘恂《岭表录异》云："广州凡矶围、堤岸，皆种荔枝、龙眼，或有弃稻田以种者。田每亩荔枝可二十余本，龙眼倍之。"南宋庄绰《鸡肋编》提到柑橘的种植："广南可耕之地少，民多种柑橘以图利。"此外，西瓜也于南宋初期渡淮南下，传入岭南并广泛种植。

广州市文物考古研究院藏有一组出土于南汉康陵遗址的岭南佳

果像生祭品，有蕉、鸡心柿、菠萝、桃子、木瓜、荸荠、慈姑。[17]

　　这些水果中，岭南本地栽培的有蕉、鸡心柿、桃子、荸荠、慈姑。蕉是岭南四大名果之一。据南宋周去非《岭外代答》记载，当时岭南种植有芭蕉、鸡蕉和芽蕉三种食用蕉，其中芽蕉"尤香嫩甘美，南人珍之，非他蕉比"。荸荠，又叫马蹄，自西汉时已有关于它的栽培记载，目前有20余个主要品种和一些变种，除高寒地区外，几乎分布于全国各个省份，而经济栽培则主要在长江流域及以南地区，味道甘美。慈姑，原产于我国东南部，富含维生素和矿物质钾、钙以及食物纤维，蛋白质也较丰富。

　　荸荠和慈姑则与另外三种植物——莲藕、菱角、茭笋并称为广州的"泮塘五秀"。旧时提起广州特产，很多老广州人都会想到泮塘五秀。这五种水生作物是在广州昔日"一湾春水绿，两岸荔枝红"的水乡塘基环境之中生长出来的，极具广府特色，在天灾战乱时期，五种作物曾经是广州人的救命粮食。

17
陶制岭南佳果像生祭品
南汉
广州市文物考古研究院藏

泮塘位于广州城区西部，范围大约是今天的泮溪酒家、荔湾湖公园以及龙津西路、泮塘五约一带。这里原是南汉的西御苑旧址，是旧时的珠江滩地，地貌"半是池塘半是洼地"，因此俗称"半塘"。在古代，人们称学宫为"泮宫"或"泮水"，入学宫读书称为"入泮"。为图吉祥，清乾隆年间，人们把带着乡土气息的"半塘"改为部首有三点水的"泮塘"，字变音不变，寓意美好、文雅。作为沼泽和滩涂冲积地，泮塘地区要在农耕社会时期种植五谷，难得丰收，可以说是地瘦人贫，但在这种环境下，荸荠、菱角、慈姑、莲藕、茭笋等水生作物能够繁茂成长，并成为这里的特产。土地贫瘠，贱生贱养出来的东西曾被人们嘲讽为"五瘦"。不过，当这"五瘦"扬名之后，人们发现它们具有香秀、翠秀、甘秀、清秀以及芳秀的特点，又将这五种特产称为"泮塘五秀"。由"瘦"到"秀"的转变，奠定了泮塘五秀老广州土特产的地位。

　　在广府人的生活之中，泮塘五秀具有独特含义，寓意吉祥，历来受广州人喜爱。逢年过节，少不了泮塘五秀。人们根据它们的外形以及内涵，各有指代，慈姑象征添丁，菱角象征添财，茭笋象征好运，荸荠象征高升，莲藕则象征连生贵子。

　　出土的七种像生佳果中，除了本地栽培的品种外，还有菠萝和木瓜两种是从国外引进的。菠萝，原名是凤梨，原产南美洲，是岭南四大名果之一，有确切记载的最早见于清初吴震方的《岭南杂记》，但该像生菠萝的出土说明其在南汉时期就已传入广州，其芽苗耐储运，有可能随着番舶漂洋过海至岭南；广州种植的木瓜为番木瓜，也是岭南四大名果之一，原产中美洲，传入中国的时间可推至唐代，现广东各地均有栽培，而以广州市郊最为集中。

　　随着广州通海夷道的繁荣，唐代在广州设市舶使，总管岭南海路外贸，来广州侨居的外国商民多达 20 万人。如今广州的海珠中路和光塔路一带，即为唐代广州的蕃坊，胡人蕃客，往来频繁，将异域的蔬菜送上广州人的餐桌，使广州的饮食得以和各地饮食进行广泛的交融。传入岭南的菠菜、芹菜、黄瓜、胡萝卜、苦瓜、芦笋、丁香、肉桂、胡椒、甘草、姜黄、茯苓等，为岭南饮食的发展提供了丰富的原料，使美食品类更繁多，特色更为鲜明，以广州为中心的粤菜在继承传统的基础上博采众长，以"南食"之名见称。

## 烹食求鲜　食养应时

岭南背山面海，具有丰富的动植物资源，原料的丰富一定程度上也促进了烹饪手法的多样，因此岭南地区有着崇尚烹调技艺的民俗民风。唐代时，初步形成了煎、炒、爆、烧、炸、焗、蒸、煮、煲、腌、卤、腊等十多种粤菜烹调方法，讲究清、爽、淡、香、酥，两宋旅粤人士在诗文中记载了岭南螃蟹、蛤蜊、生蚝等河鲜海鲜的烹饪方法和味道，如南宋周去非在《岭外代答》中记述了他所观察到的岭南人煎嘉鱼不下油的技巧。唐宋时期古籍记载的岭南菜肴有"虾生""生油水母""乌贼鱼脯""烧毛蚶""五味蟹""炙黄腊鱼"等。

广州气候炎热，夏秋漫长，冬春短暂，因此广府菜追求清淡的口味，清中求鲜，淡中取味，嫩而不生，滑而不俗。在烹饪手法上，岭南人尽量保持食物的鲜、嫩、爽、滑。如杨万里《食蛤蜊米脯羹》中所述，蛤蜊米脯羹制作时直接用米脯蒸煮，不添加任何调料，口感鲜美、风味独特；在烹煮海鲜河鲜过程中，广府人适当运用酒糟和姜等佐料，并十分注重火候的掌握和手法的精细，既能去腥，又

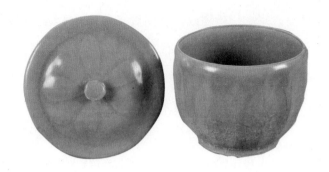

青釉印莲瓣纹盖盅
宋代
广州博物馆藏

18

能保持肉质的脆嫩口感，以追求食物原本的鲜美味道。[18]

药食同源一向是中国饮食文化的重要特色。岭南地区气候湿热，瘴气较重，当地人易患疾病，寿命较短；魏晋以来，在葛洪和鲍姑的推动下，岭南医学迅速发展，兼受道教文化"饮食以养其体"、"饮食以时调之"、服食药饵的影响，岭南人很早就有将饮食与养生结合的观念和习俗，随时令季节的变化探索开发出有营养又具保健功能的饮食。此外，佛教在粤的传播，也为岭南饮食文化带来了新面貌，广州作为禅宗南派的发源地，素菜系开始流行。

受饮食养生的影响，广州人在饮食方面比较讲究，炎热季节时食用清淡生津的菜肴，天气稍冷的冬天，菜式可稍微浓郁一点，并注重滋补的功效。唐代时广州就有专用于孕妇及胎儿补养的"团油饭"，也已经食用槟榔以"祛其瘴疠"。广州至今所保留的嗜食白粥、嗜好饮茶、煲药膳汤、烹调多用蒸灼等手法，也是形成于唐宋时期。

位于今天广州市教育路的药洲遗址，原为南汉皇室御苑。南汉开国皇帝刘䶮利用原来的天然池沼凿长湖五百丈（约合今 1600 米），史称西湖或仙湖。西湖中有一岛，刘䶮集道教炼丹术士在此炼制"长生不老"之药。岛上栽植红药，故称药洲，宋时成为士大夫泛舟游娱之所。广州博物馆藏"药洲"题刻拓片正是米芾于北宋熙宁六年（1073）南游粤东时在西湖石上所题真迹。[19]岭南人喜爱食材入药、食材入酒、服药膳汤、饮凉茶，与道教的服饵养生有着一定的联系。

广州人善于采用各类食材，荤素搭配，注重营养功效，蔬菜和水果在餐饮中所占分量一般多于其他地区，以之烹制的菜式也五花八门，成为每天饭桌上不可或缺的食材。像前述所提到的南汉时期的蔬果也可用于养生调节，例如蕉类具有润肠通便、降低血压、防止血管硬化等功效，荸荠可开胃、消宿食，慈姑具有健胃止咳、清热凉血的作用，菠萝可清暑解渴、消食生津，木瓜有助于消除体内有毒物质，增强人体免疫力。

19

苏六朋

清代

《药洲品石图》卷轴

# 佳馔世传:
## 明清省城美食撷萃

    明清时期,随着桑基鱼塘技术的发展,促进了珠江三角洲地区渔业和禽畜养殖业的发展。经济作物种植面积增长,农产品和手工业产品商品化程度的提高,推动了地方市场繁荣和城镇化程度提高,从而促进了广州饮食业的发展。广州城西有多处农副产品集散地,街道也以所贩卖的商品命名,如"豆栏街""鸡栏街"等。广州成为珠江三角洲粮油副食的交易中心,市场上饮食资源充足,中外商贾云集,服务行业内竞争激烈,为广州饮食进一步精细化和品牌化提供了沃土。

# 器成天下走

"工欲善其事，必先利其器。"研究广府人对餐饮美食的讲究，自然不能忽视其对炊具食器的考究。锅是岭南地区最常用的炊具之一，使用历史可追溯至两汉。当今粤语仍沿用古汉语词"镬"来指代锅，"镬"也常见于粤语俚语，如"孭镬"（粤语，背黑锅）、"一镬熟"（粤语，同归于尽），可见其在岭南人生活中的地位。然而，明代广府地区所产的一种网红"大镬"，与今之"大镬"（粤语，大事不妙）不可同日而语。

这种闻名海内外的铁镬就是广锅，它出自手工业重镇广东佛山，因佛山在明代属广州府南海县管辖，故佛山产品销往省外市场均冠以"广"字，以别其他产地。广锅行业"向为本乡特有工业，官准专利，制作精良，他处不及"。在明代，内官监需要的御锅、兵部需要的军锅和工部需要的官锅，均长期在佛山采办。广锅种类丰富，据清代屈大均《广东新语》记载："有耳广锅，大者曰糖围……无耳广锅，曰牛魁、清古等。"明代市场上最畅销的是二尺广锅和三尺广锅。广锅还是草原游牧民族的紧俏商品，更是郑和下西洋的随行国礼，明代在南海诸地中是国家品牌产品之一。

至明清，岭南医籍渐增，食养结合的思想对广州饮食的影响愈深，体现在器具上便是犀角制品的使用。明末至清初，犀角制品的使用进入较为繁盛的阶段，大概与整个社会风气趋于奢靡，宴饮娱乐增多有关。广州作为海贸便利的商港，犀角进口便利，当时流行把犀角制作成杯盏，是由于犀角杯盛酒散发的特殊香气可助酒兴，更重要的是犀角具有清热解毒、定惊止血的药性。[20] 由犀角杯的使用可见岭南人赋予其吉祥的寓意和追求长生的意愿。

如今家喻户晓的老字号凉茶王老吉的"祖传秘方"亦发源于清道光年间，也正是对注重食疗结合养生哲学的传承。

犀角杯
明代
广州博物馆藏
20

## 飞潜动植皆可口

民国徐珂的《清稗类钞》有云："粤东食品，颇有异于各省者。如犬、田鼠、蛇、蜈蚣、蛤、蚧、蝉、蝗、龙虱、禾虫是也。"广府菜在食材选择方面，素来不拘一格，无所不食，正所谓"计天下所有之食货，粤东几尽有之；粤东所有之食货，天下未必尽有之也"。粤菜有"三绝"，一曰炆狗，二曰焗雀，三曰烩蛇羹，是"飞潜动植皆可口，蛇虫鼠鳖任烹调"的最佳体现。

广府地区濒临南海，城内珠江水系纵横，盛产河鲜海味，一年四季都不乏食材。广府俗语有云，宁可三日无肉，不可一餐无鱼。广州人吃鱼，有生吃和熟吃之分。屈大均在《广东新语》中道："凡有鳞之鱼，喜游水上，阳类也，冬至一阳生，生食之所以助阳也。无鳞之鱼，喜伏泥中，阴类也，不可以为脍，必熟食之，所以滋阴

广彩描金纹章纹长方倭角形鱼盘
清代
广州博物馆藏
21

也。"广州人在长期食用鱼肉的过程中总结了不少食谚，如"春鳊，秋鲤，夏三鳌""鳙鱼头，鲩鱼尾，三鳌肚，鲤鱼鼻"等，不仅道出了什么季节适宜吃什么鱼，还点出了吃哪种鱼的哪个部位最佳。

广府人吃鱼生颇为讲究。所谓夏至犬肉，冬至鱼生。李调元《粤东笔记》中提到鱼生的重要性："粤东善为脍，有宴会必以鱼生为敬。"屈大均在《广东新语》中详细记述了鱼生的食用方法："以天晓空心食之佳，或以鳝之乌耳者、藤者、黄者为生。""粤俗嗜鱼生……鲩又以白鲩为上，以初出水泼刺者，去其皮剑，洗其血腥，细刽之为片，红肌白理，轻可吹起，薄如蝉翼，两两相比，沃以老醪，和以椒芷，入口冰融，至甘旨矣。""雪鲮以冬为肥……生食之益人气力，鲈、鳊、鲳、塘鲺亦可脍，然食鱼生后，需食鱼熟以适其和，身壮者宜食。"如此绘声绘色，可见这位"岭南大家"也是鱼生爱好者。从对鱼的认识到烹制成佳肴，广府人都可以说是佼佼者。[21]

在清代广州，如果要品尝最新鲜当造的河鲜海味，方志、文学作品都不约而同地提到广州珠江南面的漱珠桥。[22]崔弼《白云越秀二山合志》云："（漱珠）桥，在河南，桥畔酒楼临江，红窗四照，花船近泊，珍错杂陈，鲜蔬并进。携酒以往，无日无之。初夏则三鳘、比目、马鲛、鲟龙；当秋则石榴、米蟹、禾花、海鲤。泛瓜皮小艇，与二三情好薄醉而回，即秦淮水榭，未为专美矣。"乾嘉年间李遐龄有诗曰："蛋女风中捉柳花，漱珠桥畔绿家家。海鲜要吃登楼去，先试河南本色茶。"另一首竹枝词则写道："斫脍烹鲜说漱珠，风流裙屐日无虚。消寒最是围炉好，买尽桥边百尾鱼。"

这些诗作，创作年代从清中叶一直延续到清末，可见漱珠桥畔海鲜酒楼之盛跨越近百年。至今有文物可考的广州最早的茶楼是始建于清乾隆十年（1745）的成珠楼，就在漱珠桥东侧。此地在清代有几个大集市，从东至西依次是福仁市、漱珠市、岐兴市。成珠楼所在的漱珠市正处在各集市的中心。此外，名刹海幢寺和成珠楼近在咫尺，游客甚多。得天独厚的地理位置，是成珠楼得以发展且经久不衰的有利因素和主要原因。

而在明清时代，鸭肉在广州人餐桌上是凌驾于鸡鹅之上的首选禽肉。据明代广府名臣霍韬称："天下之鸭，广南最盛。"霍氏在明洪武初年，以养鸭起家，人称"霍鸭氏"。明初南海养鸭之家相当普遍，不少人靠此获取暴利。广州地区河网密布，适宜水禽类动物的养殖。尤其是广州近海，每年上岸的蟛蜞（小螃蟹）对禾苗造成了的危害严重，养鸭以食蟛蜞，则可保护禾苗，减轻农害。洪武年间，广州地区已经有专门以船载鸭的养殖模式，并且养鸭有埠，埠主统一规定以船载鸭放养的时间和地点。[23]

22
漱珠桥旧照
清末

23
《旧闻日报》上描绘的
晚清广州增城新塘宰鸭
得金传闻

24
鸭船（通草水彩画）
19世纪
广州博物馆藏

明清时期，广州地区的养鸭业已达到较大的规模。来粤的"番鬼"们也对广府养鸭业的兴盛感到惊叹。葡萄牙人克路士大约在1556年冬到广州，他发现游荡在珠江的鸭船，普遍养着二三千只鸭子。每天天亮后，鸭子离开鸭船，前往稻田觅食，因数量太多，下船时总是一只翻滚到另一只身上。国小民稀的葡萄牙可没有这等场面，克路士将之形容为"奇观"。1784年8月，著名的"中国皇后号"从黄埔村驶向广州城，一位船员描述沿岸惹人注目的宝塔和寺院时提到，"鸭船被拖进稻田，船上可以看到数以千计的鸭子，有专门的人在照看它们"。

清代广州外销画中展示了渔民利用设有鸭排的鸭船进行鸭的大规模养殖的场景。[24]屈大均在《广东新语》中记录了清初广州养鸭和种稻互为促进："广州濒海之田，多产蚬蛦，岁食谷芽为农害，惟鸭能食之。鸭在田间，春夏食蚬蛦，秋食遗稻，易以肥大，故乡落间多畜鸭。"至于鸭肉，他补充道："广州每北风作，则咸头大上。水母（海蜇）、明虾、膏蟹之属，相随而至。咸积于田者，其泥多半成盐。鸭食咸水而不肥。""当盛夏时，广人多以茈姜（嫩姜）炒子鸭，杂小人面子其中以食。"当时养殖户多，鸭肉产量大，导致鸭子在市场上售价很低，番禺鸭肥且大，数量多，供应广州有余，或加工腌为腊鸭，销量极好。康熙时吴震方的《岭南杂记》记载了一道粤式腌鸭。当时粤鸭以南雄鸭最为知名，被称为"雄鸭"，鸭嫩且肥，老百姓腌制后，以麻油渍之，畅销于广州，"日久肉红味鲜，广城甚贵之"。

清代中后期，广州西关"肉林酒海，无寒暑、无昼夜"，珠江金粉粼粼，画船相连，纸醉金迷，美食精馔也随之更加精进。每到夜间，花艇开始密布珠江，艇上皎如白昼，笙箫喧沸，曲罢入席，只见"珍错杂陈，烹调尽善，鸭朣鱼羹，别有风味"。[25, 26] 旧时多泊于大沙头河面的紫洞艇，菜肴追求小巧之趣，颇有家厨风格，烹调时充分利用鸭肉，能做到一鸭三味：用一半配冬瓜炖汤，用一半起肉配菠萝炒片，剩余鸭骨酥炸后捣成细末，加入肉蓉，做假鹌鹑松。另有西关宝华正中约街口远近驰名的万栈挂炉鸭，清光绪年间胡子晋《广州竹枝词》云："挂炉烤鸭美而香，却胜烧鹅说古冈。燕瘦环肥各佳妙，君休偏重便宜坊。"万栈烧鸭不仅味道好，包装也很见心思：凡顾客购买烧鸭，无论数量，均将切件整齐的烧鸭盛于钵内，淋上鸭汁，再包上荷叶，挽以草绳。这样的包装既美观又方便顾客携带，时人称之"钵仔烧鸭"。

## 真味永流传

不少流传至今的广府美食起源于明清时期，如以猪肉和猪杂为特色的及第粥、以鱼片小虾海蜇为特色的艇仔粥，这两种广州最出名的粥折射出岭南士文化和渔人家在广式饮食文化传播中的作用。

"娥姐粉果"由清光绪年间广州西关的"上九记"小吃店店员娥姐创制，故以其名命名。传统做法是将蒸饭晒干磨粉后与粘米粉和芫荽和匀擀作皮，瘦肉、冬菇、虾米、冬笋做馅，老抽调味，样式玲珑，蒸熟后皮薄透明，馅料爽口松散，吃起来不胶口。民国时期广州中华茶室老菜单中，粉果是每周必上榜的咸点，馅料有鸡粒、虾、蛤、叉烧等，每周不重样。以创作者命名的名点还有"小凤饼"，俗称"鸡仔饼"，出自女工小凤之手。她是成珠楼主人伍紫垣家中婢女，心灵手巧，把家中常储的惠州梅菜连同五仁月饼馅搓烂，加上胡椒粉做成圆形小饼，用火烤至脆，其味独特，香脆无比。该饼成名于清咸丰五年（1855），1914年获准商标注册专利，20世纪二三十年代屡获荣誉。从此成珠楼小凤饼享誉省港澳，一些外国友人和华侨也把小凤饼视为中国饼食的珍品。小凤饼配方保密了百余年，直至 1959 年才公开，可见当时广州茶楼对自家特色名点的品牌保护意识。小凤饼被商业部编入《中国名菜谱》内，至今仍然是广府地区常用的嫁女饼之一。[27]

成珠小凤饼

甘香脆腍 ★ 装璜七彩

总　铺：河南南华中路　　　　电话：
分　店：西关第十甫前路　　　　五〇三五五
　　　　　　　　　　　　　　　一五〇二五

驰名二百年 行销各大埠 是送礼结上佳品 是食品傑出英華

27 《广州大观》上的成珠小凤饼广告 1948 年

## 饕餮盛宴：
## 近代"广味"如何炼成

晚清以后，广州作为得风气之先的城市，近代化的步伐走在全国前列，大大推动了饮食业的发展。清光绪年间，南海人胡子晋在《广州竹枝词》中写道："由来好食广州称，菜式家家别样矜。"辛亥革命以后，随着地区间交往的增多，人员流动的频繁，带来了饮食文化的交流与碰撞，也促进了近代粤菜的创新与发展，使粤菜逐渐形成自己独特的风格和体系，日臻成熟。

1925年，《广州民国日报》在《食话》的开头写道："食在广州一语，几无人不知之，久已成为俗谚。"清末至民国时期，广州饮食文化臻于鼎盛，街头食肆林立，五步一茶楼，十步一酒家，在中国首屈一指，"食在广州"扬名四海。

## 汇合南北　融贯中西

早在商周时期，中国的膳食文化已有雏形，再到春秋战国时期，南北菜肴风味就表现出明显差异；到唐宋时，南食、北食各自形成体系；南宋时期，南甜北咸的格局形成。清代中国饮食主要分为京式、苏式和广式，而鲁菜、川菜、粤菜、苏菜成为当时最有影响力的地方菜，被称作"四大菜系"。

在此背景下，广州因其独特的地理位置——岭南腹地，人员物资汇集于此，加上广州是对外交往的门户，开辟有多条通往海外的航线，在中外文明交汇中不断发展形成了独特的广式饮食文化。譬如，西汉南越国时期，粤地饮食注入中原风尚，"番禺亦其一都会也"，当地文化兼具海洋（异域）风味。三国孙吴置广州，"广州"之名由此开始。东晋以后，广州饮食进一步融汇岭北和异域元素，历唐宋，迄明清，海上风来，终成汇合南北、融贯中西之势。

近代以后，北方菜与外国菜直接进驻广州。广府烹饪技艺立足于本地自然环境、气候等条件，博采众长，汲取京都风味、姑苏名菜、扬州菜和西餐之精华，学习移植并加以改造，融会贯通，自成一格，在中国各大菜系中脱颖而出。至民国时期，广州城内南北风味并举，中西名吃俱全，饮食行业分工细致。

19世纪下半叶五口通商以后，广东人蜂拥至上海，从事与贸易相关的工作。居沪粤人短时间内猛增至四五十万人，配套的粤菜馆成行成市地开办起来，粤菜逐渐征服了上海人以及其他各色移民。最早高度宣扬粤菜的著名人士，当数客居上海的杭州人徐珂。他在传世名著《清稗类钞》中对粤菜再三致意，并提升到人文高度，并在《粤多人才》里说："吾好粤之歌曲，吾嗜粤之点心。"民国以后，岭南饮食在经济与北伐的双轮驱动下一路高歌北上，在北京以谭家菜与本地的太史菜遥相呼应；在上海以海派粤菜赢得"国菜"的殊荣，将"食在广州"推向时代巅峰，臻于"表征民国"的饮食至高境界。民国时期，上海许多记者或特约食家，纷纷将在广州饮食界的所见所闻写成文章，回沪报道。上海《申报》记者禹公1924年底前往广州，发回了一篇《广州食话》，开门见山地说，"广州人食之研究，是甲于全国者"。因海外粤籍华侨，粤菜影响深远，世界各国的中餐馆，多数是以粤菜为主，在世界各地粤菜与法国大餐齐名，国外的中餐基本上是粤菜，因此有不少人认为粤菜是海外中国的代表菜系。

粤菜中的广府菜，首先选料讲究，务求鲜嫩质优，如白切鸡要求选用清远鸡或文昌鸡，烹制鲳鱼要以白鲳为佳，吃虾则以近海明虾和基围虾为上乘。其次制作精细，烹调独特，具体体现在刀工和火候上。广府菜刀法多样，变化繁多，有斩、劈、切、片、敲、刮、拍、剁、批、削、撬、雕12种，通过这些刀法，可将原材料按需要加工成丁、丝、球、脯、蓉、块、片、粒、松、花、件、条、段等形状，既可适应烹调，也能使做出的菜肴极富美感，色香味俱全。广府菜的烹制还特别讲究火候，行内有"烹"重于"调"的说法，烹制时根据食料性质和做法而采用不同的火候，火力的精准把握，正是高超烹饪技巧的体现。民国时期广府菜的烹饪方法自成一体，已发展至煎、炸、炒、炆、蒸、炖、烩、熬、煲、扣、扒、灼、滚、烧、卤、泡、焖、浸、煨等20多种。民国时期陆羽居菜单的小食卤味就包括了烩、炸、炆、扒、炖等几种烹饪方法。（见前插页图Ⅰ）

有时用同一技法制作同一道菜，也会因火候的大小、用油的多寡、投料的先后、操作的快慢，而使菜肴质量产生较大的差异。多样的烹调方法灵活运用，使得广府菜式尤为丰富，在中国饮食文化中独树一帜。从一份民国菜单中我们可知，当时单面食就多达25种选择，其中包括了伊面、素面、拌面、炒面、窝面、烩面、上汤面、炸酱面等。（见前插页图Ⅱ）

粤港澳地区街知巷闻的伊面，全称是伊府面，据说是由伊秉绶府上创制。伊秉绶是福建汀州人，乾隆进士，工诗善画，是一位儒雅风流之士。当年他任惠州知府时，聘用一位姓麦的厨师，此人极善烹饪，后来伊秉绶转任扬州，麦厨师也跟随而去，在那里他参酌采纳了江南调制面点的方法，创制出伊府面。如今伊面仍是面中上品，是广府饮宴上最后两道主食的必点面食。

广州民国菜单为我们记录了不少流传至今的正宗广味，如各式瓦罉蒸饭（即"煲仔饭"）、化皮乳猪、腊味叉烧、海鲜等。白灼响螺片是其中的代表菜。民国初年《广州民国日报·食话》赞曰："海鲜之中，响螺亦著名者也"，"细切作花形，调味深透，又不杂以酱瓜之类，食时略蘸蚝油、虾酱，不失其真味"。民国菜单上，无论是正餐菜肴还是点心馅料，海鲜都是必不可少的食材，如"炒响螺片""清蒸石斑""炒鲟龙片""铁扒鲈鱼块""原盅炖水鱼""煎大虾碌"等。（见前插页图Ⅳ）

民国时期，潮汕风味亦纷纷进入羊城，有特聘潮州名厨精制的"冷脆烧雁鸡""咸酸菜鹅肠"等菜式美点招徕食客。民国家乡菜菜单中就有不少闽粤风味的菜式，如"卤水珍肝""卤水猪脷""卤水鸭翼""卤水鹅掌"等。（见前插页图Ⅲ）

商铺会馆云集的广州吸引各地风味的餐铺直接落户，有北方风味的南阳堂和一品升、姑苏风味的聚丰园、淮阳风味的四时春、京津风味的天津馆和一条龙、上海风味的稻香村、河南风味的北味香和奇香园、湘味的半斋和福来居、四川风味的川味馆、山东风味的五味斋等，解放后开业的华北饭店更是集京津、淮阳、川菜风味于一堂。饮食网点主要分布在惠爱路（今中山五路）、汉民路（今北京路）、长堤、西濠二马路、西关上下九路、陈塘、漱珠桥和洪德路一带。[28] 众多酒家分别派出多批广东名厨名点心师到全国各地学习取经，也聘请各地名厨名点师来粤展示烹调技艺，互相切磋、交流，如南阳堂的邓大厨师，原本为京城布政司的专业厨师。位于广州西关十八甫北的适苑酒家在 1935 年 9 月 3 日的广州《越华报》刊登广告时称"本酒家礼聘港粤沪名厨包办筵席巧制精良美点"招徕顾客。[29] 民国菜单中的"龙江烧鹅""桂林虾丸""南安腊鸭""汾酒牛肉"等菜肴可以找寻到全国各地美食的身影。便利的交通也给广州带来了天南地北的丰富食材，经羊城巧手厨师的加工，又成了独树一帜的名点美食，如"云腿萝卜糕""梅占椰蓉酥""西橙汁啫喱"等。

28

广州惠爱路（今中山五路）稻香村茶楼（图中右侧建筑）民国

适苑酒家在《越华报》
刊登的广告
1935年

29

　　在与各地的美食交流中，广州受江浙地区的影响较其他地区要大。"食在广州"因有江南官吏文人的宣扬和以淮扬菜为代表的各帮菜系推动而广为人知。淮扬菜由淮安、扬州及南京三种风味组成，是宫廷第二大菜系，今天国宴仍以淮扬菜系为主。在清代，沿海的地理优势扩大了淮扬菜在海内外的影响。淮扬菜十分讲究刀工，刀工比较精细，尤以瓜雕享誉四方。菜品形态精致，在烹饪上则善用火候，讲究火工，原料多以水产为主，注重鲜活，滋味醇和，清鲜而略带甜味。著名菜肴有清炖蟹粉狮子头、大煮干丝、三套鸭、软兜长鱼、水晶肴肉、松鼠鳜鱼、梁溪脆鳝、拆烩鲢鱼头、文思豆腐以及文楼汤包等。民国佛山籍食品大王冼冠生在1933年《广州菜点之研究》中点明了挂炉鸭和油鸡源于南京式，炒鸡片和炒虾仁源于苏式，香糟鱼球和干菜蒸肉是绍兴式，点心有扬州式的汤包烧卖等，各地名菜集合在广州，形成一种新的广菜。民国时期陆羽居酒家常备筵席菜单中便设有"铁扒鲈鱼""文思豆腐""金陵挂鸭"等江浙风味的菜式。（见前插页图Ⅴ）

鸦片战争后，国门打开，来华洋人渐增，为适应他们的需要，岭南沿海城市首先开办了不少西餐馆。广州的西餐以英式为主，味尚清淡，以精制烧乳鸽、焗蟹盖、葡国鸡等名菜吸引顾客。广州第一家西餐馆是由徐老高于咸丰年间创办的位于太平沙（今北京南路）的太平馆。[30] 徐老高曾经在英国旗昌洋行当过帮厨，为人聪明勤奋，学得一手制作西餐的厨艺。离开洋行后，先沿街摆摊出售煎牛排，因生意兴隆，便在广州南城门外创办了此餐馆。民国时，太平馆已远近驰名，首创的烧乳鸽和精制葡国鸡声名远扬。五四运动后，包括广州在内的沿海城市兴起了破除封建习俗活动，人们崇尚欧美的生活方式，流行西式社交活动，吃西餐成为时尚。20 世纪二三十年代，广州著名的西餐馆有亚洲酒店、东亚酒店、新亚酒店、爱群酒店、新华大酒店、中央酒店等酒店的西餐厅，驰名菜肴除了太平馆的两款招牌菜外，还有各酒店的牛扒、猪扒、松子鸡、烟鲳鱼等。

粤菜里的广府菜善于吸收西餐的特长，中西合璧，把粤菜烹饪

30
太平馆分店
民国

技艺推向一个新的高峰。受西方饮食习惯影响，广东人喜用水果和蔬菜作为佐餐，青豆、甘蓝、莴苣、水田芹在当时粤语里仍被称为西洋蔬菜。广州不少点心就借鉴了西式饮食善用水果的特点，如安南琅椰盏、凤凰椰丝戟、香蕉奶冻、柠檬啫喱、菠萝凉糕、苹果燕窝糕等。民国初期华南酒家的菜单中已有不少西式甜点供应。（见前插页图Ⅶ）

在饮料方面，当时的菜馆除了供应本地的醇旧双蒸酒、龙虎凤酒、五羊牌啤酒外，还有外地的酒品，如天津的五加皮酒、玫瑰露酒，上海的友牌啤酒，浙江的绍兴花雕酒，海外的花旗美啤酒。啤酒有"液体面包"的雅称，主要原料是大麦芽和啤酒花，大麦芽可治积食，啤酒花有利尿和健胃功效。广东人向来把啤酒称为"番鬼佬凉茶"，炎热的天气最宜以啤酒解暑清热。清末民初以后，啤酒逐渐在我国沿海大城市流行，但都依靠国外进口。始建于1934年的广东饮料厂，是岭南地区第一间啤酒厂，位于广州西村，民国菜单中的五羊牌啤酒就出自该厂，改革开放后改名为广州啤酒厂，其明星产品正是中国第一个果味啤酒品牌广氏菠萝啤。（见前插页图Ⅲ）

## 名人食事

近代广州作为华南政治、经济、文化中心，官绅筵席不断，除酒家、茶楼、茶室、饭店、西餐馆、茶厅、冰室、小食品八大自然行业外，还有"大肴馆"以接待官宦政客、上门包办筵席为主要业务，亦有一些享誉省城的家宴。在广东，不少官绅名士与本地的佳肴美点结下缘分，美食似乎让这些风云人物增添了几分亲切感，"食在广州"的美誉也因他们更广为流传。

清末时期岭南名园的园林美食随着岭南士绅阶层的崛起逐渐崭露头角，饮食环境幽雅清净，景色宜人，特别符合士绅享乐的追求，逐渐成为岭南一大饮食时尚。随着社会的发展，茶楼越来越向高档化和多元化发展，20世纪初广州崛起的"四大茶楼"，即文园、南园、西园、大三元[31]，建筑规模相当可观，而且陈设讲究，犹如幽雅的园林。这些地方主要是西关少爷、文人雅士、富绅巨贾、宗教人士出入之所。随后又出现了北园和泮溪酒家。老广州有一句流行语"食饭去北园，饮茶到泮溪"，如今这两个酒家与南园依旧并称"广州三大园林酒家"。

　　位于越秀山东秀湖外的北园建于1928年，原是私人别墅，后改成园林酒家，被时人称道"山前酒家，水尾茶寮"。开业之初，高官显贵、社会贤达慕名而至，门庭若市。1957年广州市政府重修北园酒家，由著名广派建筑师莫伯治主持设计工作。重修后的北园酒家是梁思成最欣赏的广州建筑，园内门窗砖石、内室陈设有不少来自"南海十三郎"江誉镠之父江孔殷的太史府邸。江孔殷是清末最后一届科举进士，曾进翰林院，故又被称为江太史。他在辛亥革命前后一度为广州重要政治人物，也是民国时期羊城首席美食家。据说，粤菜在民国初年达到鼎盛时期，最负盛名的，一是谭家菜，一是江太史菜。"太史菜"中以蛇宴最为闻名，现在北园太史五蛇羹亦最广为人知，其他菜式有太史鸡、太史豆腐等。郭沫若对北园情有独钟，每次外事出访途经广州，都一定要到北园饮早茶。他在北园即席挥毫："北园饮早茶，仿佛如到家。瞬息出国门，归来再饮茶。"刘海粟87岁时，曾到北园宴饮，对其茶点菜式大加赞赏，即席书写"其味无穷"四字相赠，此四字刻在北园门前之墙壁上。[32]

31
广州长堤大马路
大三元酒家
民国

32
广州小北路
北园酒家
民国

过去，上太平馆吃西餐的顾客大多是军政界、银行界、知识界名流以及富家阔少和外国人，当年李宗仁、宋子文、张发奎等都是太平馆的常客。当然，最让广州太平馆出名的还是在 1925 年承办了周恩来和邓颖超的婚宴。周恩来夫妇当时点的西餐套餐至今仍是太平馆的招牌套餐。

1934 年，蒋介石在南昌发起社会风气革新的新生活运动，以"礼义廉耻""生活军事化"等为口号，从改造国民日常"食衣住行"生活入手，以整齐、清洁、简单、朴素等为标准，以图革除陋习、提高国民素质。饮食界出现了响应总统"节约运动"的活动，如味兰海鲜镬气饭店推出的"八千只肥鸡"降价酬宾优惠活动。（见前插页图Ⅵ）

## 食府迭出　百花争妍

　　清光绪年间胡子晋《广州竹枝词》提及的著名老酒楼有南关之南园、西关之谟觞、惠爱路之玉醪春、卫边街之贵联升。民国时，长堤、惠爱路、永汉路、太平南路等商业繁华路段，各类酒家、茶楼、茶室鳞次栉比，比较著名的有"九如三居"："九如"指惠如楼、太如楼、南如楼等九间名带"如"字的茶楼，大多为对"如"字情有独钟的"茶楼王"谭新义收购或兴建的，俗称"广州九条鱼"（粤语"如"和"鱼"同音），全盛时期达十三间；"三居"指陶陶居、陆羽居、怡香居。另外，还有"园"字号（南园、文园、愉园、聚园）、"觞"字号（谟觞、咏觞）、"珍"字号（冠珍、宜珍）、"景"字号（一景、八景）、"男"字号（庆男、添男）等跟风扎堆涌现的食府。这些酒家，大都竞相豪奢，别出心裁，建立起自己的风格，创立自家的招牌茶、招牌菜色。[33]

　　对当时广州的"四大酒家"（南园、文园、西园、大三元）来说，南园因"红烧网鲍片"而威震南粤。这道菜的独到之处在于烹饪

33
广州长堤瑞如楼
民国

053

好的鲍片，每片都是京柿色的，吃起来不硬不烂，最妙的是其略微粘牙，可以咀嚼，这样的制作技艺没有一家酒楼能胜过。南园厨师的手艺还能做到每块鲍片夹起来都沾满汁，等到鲍片全部吃完，碟上也干干净净不留一点菜汁，是为一绝。文园的名菜则有江南百花鸡、蟹黄大翅、玻璃虾仁等。西园以"鼎湖上素"素菜为特色。大三元酒家的代表菜是"六十元大群翅"，而华南酒家的"裙翅百花胶"售价才一毫（粤语，角），可见此菜价格昂贵，相当于当时市面上14担上等白米的价钱，但因是用上汤来煨翅，工序严密，烹饪独特别致。[34]

由于竞争激烈，促使各类茶楼、茶室不断推陈出新，点心精美多样，以大类品种分，有常期点心、星期点心、四季点心、席上点心、节日点心、早点、午点、晚点，以及各具特色的招牌点心。广州交通便利，贸易繁荣，南商北贾云集，几百年来汇集了各地的美点小食，广州人又善于仿效创新，吸收中外各类点心做法，形成自己的特色，因此粤式点心尤其丰富，在粤菜体系里占据了半壁江山，让广州人百吃不厌。

[34] 大三元酒家广告<br>主打「大群翅」「脆皮鸡」<br>1948年

享譽中外三十餘年

始創大群翅<br>著名脆皮鷄

大三元皇翅大酒家

營業部電話：一一一三九

廣州長堤大馬路

20 世纪 20 年代末至 30 年代初，陆羽居茶楼为了适应广东一带"三餐两茶"的生活习惯及吸引顾客，推出"星期美点"，就是将一月更换一次菜点品种的期限缩短为一周，并在此基础上，将茶市点心以七天为一周期，每天推出不同的招牌点心，做到一周天天换，日日有亮点。后来其他一些酒楼如福来居、金轮、陶陶居等名店竞相仿效，每周一次更换的菜点均以五个字命名，前后不许重复，如绿茵白兔饺、鸡丝炸春卷等。这样一来，促使店家在品种花色上狠下功夫，广式点心也在这种比创意、斗技艺的氛围中茁壮成长。[35, 37]

1936 年前后，广州的名茶室酒家均以星期美点招待，备受群众欢迎。星期美点以十咸十甜或十二咸十二甜为主，配合时令，以煎、蒸、炸、炕等方法制作，以饱、饺、角、条、卷、片、糕、饼、合、筒、挞、酥、脯等形式出现，命名也很别致。夏季还会多出一两种冻品，清凉爽口。总的来说，星期美点的特色是精工制作，款式新颖，味道鲜美，适合时令，因而对技术要求也较高。（见前插页图Ⅰ）

星期美点作为广州酒楼标准性的广告语，曾一度被"港厨主理""生猛海鲜"所取代，今天没有多少人知道星期美点的出处，但星期美点所蕴含的广州人"敢为天下先"的务实创新精神还在。[36]

由于珠三角气候炎热时间长，人们流汗多，消耗大，且易"上火"，故广州人十分注重汤粥，认为其能补充人体缺失的水分，对身体有滋养作用。汤成为广州筵席必需的菜肴，且分量也足。在上正菜前，广州人一般先喝一碗鲜汤。广府汤羹种类众多，烹调方法有滚、煲、烩、炖四种，冬春多用煲、炖，夏秋多用滚、烩。在广州，评价一个"师奶"（粤语，家庭主妇）是否合格的重要标准，

就是看她会不会煲汤。不少食府亦推出招牌汤羹以吸引讲究清补凉的广州食客。

西洋菜鲜陈肾是民国菜单中频繁出现的菜肴，至今仍是广府汤中的经典之一。西洋菜，顾名思义来自西洋，据说是一个葡萄牙船员因患严重肺病被弃海岛，靠岛上的这种水生植物治好了肺病，后船员得救来到澳门，把这种植物也移植了过来，才有了今天它在广东蔬菜中的地位。一般认为西洋菜具有降火润肺的功效，配合鸭肾煲汤，口感清甜，清热化痰，是广东人家在干燥秋冬季节用于治疗咳嗽咽炎的辅助食疗方法。华南酒家和陆羽居就有这一款西洋菜鲜陈肾，在华南酒家还被列为"名贵小菜"。华南酒家另有"淮杞炖猪脑"，此汤可治血虚眩晕、虚性头痛、神经衰弱等症。（见前插页图Ⅷ）

而传承至今的许多经典粥类则不在大雅之堂，需要穿街过巷才能寻访。南方老百姓劳作后喜欢吃点稀粥以调养胃口、清热去湿，或以之作早餐的饮食搭配需要。广州有名的粥，除了前述的及第粥和艇仔粥，还有皮蛋瘦肉粥、柴鱼花生粥、滑鸡粥、鱼片粥、咸骨粥、菜干粥等各类粥品。广府粥品按粥底的稀稠度大致可分为生滚粥、明火粥和老火粥。纵观大江南北，大概也只有广州，能把这道清淡的羹肴当作珍贵的料理做到了极致。而且广州人吃粥不只限于早餐，正餐、夜宵也常备粥类。广东酒店菜单上有"晏粥"，"晏"意为晚、迟，粤语有"晏昼"（下午）、"食晏"（吃午饭）的说法，"晏粥"顾名思义就是午餐吃的粥。[38] 粤语还有"夜粥"一说，据说当年广东一带的武馆晚饭后还要练功，每晚师母都会准备点心和一煲粥，让师傅徒弟练功后可以消夜，久而久之，"食夜粥"便成为"练功夫"的代名词。通常供应粥品的食肆遍布省城，街头巷尾，水

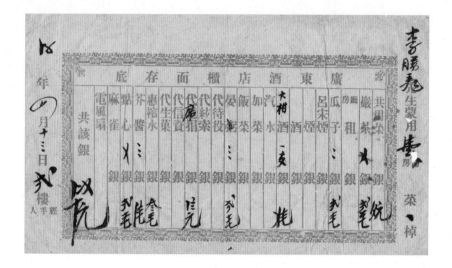

38
广东酒店柜面存底上的『晏粥』
民国

39
公合记鸡粒粥脍炙人口
民国

058

上小艇，无论何时何地，你都能找到果腹之处。路边摊档采用边煮边展示的卖粥模式，飘香的粥香肉味，无须广告自吹自擂，自然引来了食客光顾。[39]

广州饮食文化是一笔宝贵的遗产，它生动而又真实地记录了岭南先民如何在极其艰难曲折的历史条件下，在解决人类最基本的生存发展问题上所做出的非凡贡献和取得的辉煌成就，推动了岭南地区的文明进程。作为广州饮食文化的重要载体，这批发黄的纸质菜单是研究广州地方史及其与中原和海外关系的"活化石"。它们对岭南养生、医学、人文、物理、化学、民间工艺等学科的研究和发展，仍具有不可替代的启示意义。所幸这些曾经的名菜没有消失，没有湮没于历史的尘埃之中，在如今挖掘本土优秀传统文化的不懈努力中得到了重视、借鉴、活化和创新。

# 在地

## 食在广州的
## 近代往事

两千多年的孕育滋养，

让粤菜长成根深叶茂的参天大树，

并在20世纪二三十年代臻于鼎盛，

『食在广州』逐渐成为广州一张响亮的城市名片。

通过民国时期的老菜单、老菜谱以及广告单

所记载的菜名、菜式和定价，

带领大家畅想历史时光中的粤菜滋味，

并且从中了解近百年的饮食文化，

为今人打开一扇窗户，

一窥当时社会的风土民俗、市民生活、

经营业态、物价、人文心理等。

# 茶楼酒楼大不同

今天我们出去饮茶吃饭，酒家茶楼总是混着讲。有些食肆从早做到晚——早上饮茶，午晚吃饭，一条龙服务；有些虽然不做早市，但从近午开始供应，既能饮茶，又能吃饭，任君选择，很难在茶楼和酒楼之间划出分明的界限，最多就是从字面上去理解，"茶楼饮茶，酒楼吃饭"，但实际上二者的区别都很小。

时移世易，一百多年前的广州食林，曾经有过一个时期，茶楼和酒楼分得很清楚，有着彼此独立的经营范围，你做你的，我做我的，相互不能踩过界。茶楼就是茶楼，只经营早午茶市、点心和龙凤礼饼，不经营饭市，不包办筵席。酒楼只经营饭市、随意小酌、包办筵席，不做茶市和点心。茶楼和酒楼在广州的诞生，经过一个漫长的过程，从小茶馆、茶室、茶居、饭店，逐渐发展为茶楼、酒楼、酒家等，它们各自在这个城市落地生根，成行、成市、成业，共同成就了民国广州饮食业的辉煌。

## 街边的二厘小茶馆

鸦片战争后，广州作为五大通商口岸之一，近代工商业得到较大发展，作为商业后勤保障的各类苦力、杂工群体逐渐形成消费群体，广州街头开始出现各类适合他们的消费场所。广州兴盛的饮食业，起源于一家家街边卖茶的杂货铺，不设座位，路过的客人站着喝完。卖得最多的是王老吉凉茶——大名鼎鼎的王老吉那时候就有了，其次是竹蔗茅根水、罗浮山云雾茶、八宝清雾凉茶、菊花陈皮茶等，大多是适合岭南气候、清喉润肺的茶饮。到了咸丰同治年间，这些店家开始以平房做店铺，一个小小的店面，门口挂着"茶话"二字木牌，用木凳架在路边，捎带供应茶点，设备十分粗糙简陋，供应的茶叶，大多是翻渣（粤语，多次冲泡）的，茶壶也是佛山石湾的粗制产品。

清代以银两为本位，单位是两、钱、分、厘，这种街边的小茶馆茶价只二厘，久而久之就得了一个名字——"二厘馆"。可以说二厘馆是广州茶楼业的雏形，它兴起之初的消费群体主要是卖苦力过活的贫苦大众——挑工、负卖小贩、拉车夫等，行过路过都会进去歇息一下。他们经常在早晨上工之前在这里吃一碟芽菜粉、两个大松糕，又或者下了工来饮一壶茶，聊聊天，松松筋骨，让疲惫一天的精神得到调剂。这样的消费大体还在劳苦大众的承受能力之内，无论多穷都要饮饮茶，解乏纾困，成为广州工农阶层的一种独特的生活情调，街坊邻里也会有事没事来这里聊天叙话。今日广州人之嗜好饮茶，早上见面都用"饮左茶未"（粤语，饮茶了没有）或者"去饮茶啊"之类的寒暄，道别也是"得闲一齐饮茶"（粤语，有空一起饮茶），确实是由此而来的。

## 美点居心处

随着饮茶风气在民间的盛行，市场开始逐渐分化。二厘馆一则低端简陋，二则主卖茶水，经营模式较为单一，盈利终究有限。光绪中期，比二厘馆更高档舒适的完全是冲着当时的小富之家去的茶居开始出现。以"居"为名，寓意媲美隐者之居。比如第五甫的"五柳居"源于陶渊明的《五柳先生传》，第三甫的"永安居"寓意永远安居乐业，还有其姐妹店"永乐居"在第七甫。直到今天，不少本地茶楼起名仍然会考虑"居"字，这是民国茶居留下的历史痕迹。

茶居与二厘馆的区别，在于茶居增加了饼饵作为新卖点，其中"饼"是指以火烹法烤烘加工而成的面制食品，比如月饼、鸡仔饼、嫁女饼、老婆饼、盲公饼等经典粤式饼食；"饵"是指以汽烹法蒸制而成的米制食品，是"点心"的前身。到底是增加饼饵还是菜肴，在市场经济的今天看来只是商家的个人行为，但在民国时期，因不成文的规矩，每个餐饮种类都有各自规定的经营项目、模式和时间，泾渭分明。各行业还形成了自己的工会，对行业内外的商业行为进行监督，对来自行业以外的竞争行为绝不会坐视不理。这样的好处是能确保各行业的生存空间，杜绝了恶性竞争，这也是二厘馆明知经营项目单一却不能或不敢变革的原因所在。

不过，不同种类的食肆面对市场业态的变化并不是完全一刀切，比如二厘馆希望扩大经营范围，曾考虑过增加菜肴，为饭店行业会所拒，转而想要增加饼饵，饼饵工会倒是乐见其成。后来终于有第一个吃螃蟹的人，率先将茶饮和饼饵相结合，向市场推出茶居这一新生事物。没想到那些爱好谈天说地，"吹水"（粤语，闲聊，聊天，侃侃而谈）的食客非常喜欢，充满尝试新事物的兴奋，茶居因此越开越多。1919 年，还成立了茶居行业工会。因为光顾茶居的侃客大多是找个地方消遣闲谈，并不只是为了果腹，所以对饼饵的分量不太看重，贵精不求多，这也使得饼饵愈发趋向精致小巧。匠心独运的饼饵点心不但让业内饼师的技术日益精湛，还提升了食客对食品的审美能力。后来花样百出、让人眼花缭乱的粤式点心，就是在这时埋下的种子。至于原来的二厘馆也并没有消失，而是逐渐卖起了粉面茶点，茶居则逐渐走上了向现代茶楼点心业的转变之路。

## 走，到茶楼上去

虽然茶居相较二厘馆而言，已然是鸟枪换炮，条件有所改善，但经营场所仍显简陋，尤其是在美点的衬托下格外相形见绌，完全匹配不上点心的精致可人，茶居的升级换代蓄势待发。广州茶楼业的新一轮"产业升级"，被七堡乡人（今天的佛山石湾）饮了头一啖汤。1854 年广东三合会大起义，佛山毁于战火，一落千丈，资金逐渐转移到广州，七堡乡人就是在这样的背景下纷纷来到广州投资经营。他们广购地皮，筑而为楼，将平房里的茶居搬进了三层高的茶楼，著名的金华、利南、其昌、祥珍，创始人都是七堡乡人。

在清光绪十二年（1886）张之洞主持修筑天字码头堤岸马路之前，广州基本是没有高楼的，可见七堡乡人的想法有多大胆，又多具有突破性，而且富于变革精神。这些新建的茶楼，早期一般有三层，第一层很高，最高可达 7 米，进门就给人宏伟宽敞的感觉，

二、三楼的客座一般也可以达到 5 米，地方通爽高敞，环境幽雅，座位舒适，空气清新，规模远远超过茶居。老百姓对高楼这种稀罕物也格外有新鲜感，所以气派的茶楼甫一出现就领一时风气之先，本来消费标准只是试探着定下一盅两件，结果市场反馈惊人，茶客消费远远不止于此，还逐渐以此标准标榜吹嘘自己的生活水平。

虽然茶居和茶楼经营的生意是一模一样的，但茶楼在装修和设备上不吝于投资，还不惜重资选址在人烟稠密的商业区、车站码头、路口街口。对茶水也越来越重视，讲究茶叶品质优良，贮存得法，开水也需双重煲沸。几乎每家茶楼都配备一名"较"茶师傅，把高、中、低档茶叶混合，以达到色香味俱全且耐"冲"的效果，既满足了茶客的要求，又降低了成本。

这样的创意换来的回报非常丰厚，尤其是民国以后，工商各业日益兴旺，商业交往频繁，茶楼雅致舒朗的环境和茶靓水滚点心正吸引着普通市民闲暇时消费，比如来此清谈聊天，玉器玩赏，古董买卖，看小报论茶经，传播市井新闻；各行各业洽谈买卖、互通信息的生意人也纷至沓来。广州茶楼的金漆招牌开始蜚声海内外，"上高楼"成了当时广州人去茶楼品茗的代名词。许多名人都喜欢流连于此，鲁迅在中山大学任教时，也时常到茶楼叹茶，他评论，"广州的茶清香可口，一杯在手，可以和朋友作半日谈"。1926 年，毛泽东在广州与柳亚子相识，曾相携到本地茶楼饮茶谈诗论道，后来还写下了"饮茶粤海未能忘"的诗句。

　　几年以后，饭店也普遍仿效茶楼，实行上高楼策略，成了"酒楼"，业务和规模不断扩大。码头林立的长堤沿岸、商旅云集的西濠口、首富住地的西关、花舫妓艇密布的陈塘（今广州黄沙至泮塘一带）等地，历来是市区商业和经济活动的龙头地带，大酒楼非常多。门面上，茶楼门口有饼柜，卖饼饵食品点心；酒楼门口是低柜，卖烧腊食品或外卖饭菜，这是二者显著的区别。

　　随着近代工商业和社会经济的发展，酒楼业竞争更加激烈，高级酒楼在装潢格局上独具匠心。有的利用传统大院、西关大屋和岭南园林，有的装修华丽面向达官巨贾，有的重诗画琴棋风雅文气，有的以佛门弟子为对象，还有的风流旖旎以拈花问柳者为客，格调各异。

　　当时，设施最好的首推一景酒家，厅堂陈设的是紫檀家私，比酸枝贵重得多，其余的著名食肆也是异彩纷呈，各擅其长，有贵联升、聚丰园、南阳堂、南园酒家、广州酒楼、福来居、玉波楼、文园、西园、大三元、谟觞、合记、新远来、六国等，还有集中在陈塘专营花酌的京华、流觞、宴春台、群乐、瑶天、永春等；闹市中人厌倦樊笼，也可去宝汉、甘泉等酒家一尝郊区乡村风味。为了迎合官场、商场、社会各阶层人士的喜好，各酒楼酒家争相罗致名厨名师，博采国内乃至国外饮食之所长，形成一时之风尚。清末民初，广州酒楼"冠绝中外"，20世纪30年代左右，广州的酒楼业进入全盛时期。

　　高端酒楼，装修华丽，夏有电扇，冬有暖炉，处处是以亭台楼阁为名的温软包间，高朋满座，还可以随时开"四局"，即雀局（打麻将）、花局（召妓侑酒）、响局（召乐队、伶人席前表演）和烟局（抽鸦片），奢靡堕落至极。到这里吃一顿，餐费加上包间的房费，还有打点侍者的消费以及其他林林总总的费用，总得花上数十乃至百来块。由于当时的广州豪客众多，吃货如云，出手阔绰，酒楼生意还是非常兴旺的。酒楼除了消遣娱乐，还附带社交和生意往来的属性，是以大酒楼日夜笙歌，牌令不绝，以至于当时一些大酒楼旁的住客抱怨，"半夜睡醒犹闻猜拳行令，打牌呼喝之声"，这是民国广州纸醉金迷、灯红酒绿的一面。

不过，这些奢华大酒楼毕竟只是数以百计的同行中极少的一部分，绝大多数普通酒楼都逃脱不了"新张—歇业"的循环。小型酒楼的铺面一般都不是自家产业，本钱又少，一旦遇到风吹草动、时局动荡，就很难"守住"；加上不少小老板本身是厨师出身，管理水平有限，或者年老体衰无法维持，很容易就经营不善。有些有条件的小酒楼要转型扩大，但往往资金不济，于是先后改成饭店，卖面饭菜肴，生产设备是现成的，且对烹调技术和环境要求不高，所以能维持下来。广州酒楼中的百年老号少之又少，与一向以朴实作风经营著称的茶楼行业不可同日而语——它们的老号比比皆是，这是广州酒楼业的另一面。

## 茶室，在茶楼与酒楼的夹缝里

在行业壁垒森严，酒楼做席、茶楼卖点的民国初年，出现了茶室这种既做茶点又卖粉面饭的食肆，两边都不像，又两边都学了点，实在让人惊奇。实际上，茶室是看准了茶楼与酒楼的不足，为"补漏"而生的。"两不像"的茶室业，就这样在茶楼与酒楼的夹缝中尴尬而坚韧地生存了一二十年，还意外地让广州人发现了午茶、午饭、晚饭、夜宵和夜茶"直落"的乐趣。

最早的茶室是什么时候出现的已经不可考了，但已知比较著名的是西关宝华大戏院旁边的"翩翩茶室"，它不像茶楼天未亮就开门迎客，而是在茶楼上午九点半收市之后才开始营业，也是供应点心，而且是"现点现做"，新鲜滚热辣，大大区别于以往的茶楼和茶居多经营"油器"的传统。"油器"也就是油炸的点心，保存期相对比较长，因此也会不够新鲜，口味也较为单一。茶室新兴的"现点现做"模式，让更多以往难以长期保存的点心得以登上食客餐桌，大大提高了广州茶点的水准。除此以外，茶室也像酒楼一样开饭市，可以随意小酌，但没地方办筵席宴会。粉面会供应到午夜，等到戏院深夜十一二点散场之后才收市。

大概在清光绪十四年（1888）通电灯以后，广州人开始有了夜生活，戏院剧院每晚爆满，逐渐衍生出大量喜欢过夜生活、干夜活的群体，比如富豪阔少、遗老遗少、伶人歌姬等。他们是起不了早的，等到起床时，所有茶楼都收市了，酒楼又不准做茶市，所以茶室的出现，自然是一些饮食经营者目光如炬——看到了酒楼业、茶楼业营业时间和经营覆盖面的空隙以及部分社会需求。原来只是零星分布的几家，从1924年开始，就有人陆续仿效。

1921年的中华茶室菜单，除了咸甜点心以外，还特地标注了"另备面食河粉多种不能尽录"，可见其一并经营点心粉面的特性，此外亦对茶水做了定价。菜单上注有"二楼堂座半毫　槟水（或香巾）免费；三楼房座半毫　槟水（或香巾）半毫；三楼厅座一毫　槟水（或香巾）半毫"，说明不同茶座，其价格和服务也不尽相同。（见前插页图X）槟水或香巾，指的是供客人洗手洗脸的水或毛巾；堂座，也就是在大堂的散座，它是最便宜的，连洗脸水都免费，是最市井最大众化的消费级别；厅座比堂座高一级，相应的服务也需收费；房座是在包厢或包间中饮宴，接受茶客预定，房间门口会挂出小牌上书"某某先生预订"等字样，其他茶客见字便会止步。一般来说，房座会比以上两种座位都贵，不过比较让人不解的是，中华茶室的房座比厅座便宜一半，内中有何门道，还需进一步查索。

茶室的顾客，多是有闲阶层，不用赶时间上工的，点心和茶水必然都上等精细。而且都是"晏"客，叹得茶来为时已午，所以不少人也就直落开饭，这是茶楼、酒楼所没有的。中午过后是茶室的淡时，这时它们会出一些新招招揽客人，比如开设棋局，棋客杀得兴起，也许会直落开晚饭，这样又增加了晚饭的旺度。这种兼卖饭菜点心的独特属性，使茶室逐渐拥有了众多拥趸，比如陆园茶室，鲁迅在广州时去了多次，最爱它的章鱼鸡粒炒饭。一时间，茶室数量大增，尤其是西关一带，如雨后春笋般接连出现了新玉波、茶香室、味腴、龙泉、山海楼、谈天、九龙、星波、月波、山泉、鹿鸣、陆园等十余家。

茶室业横亘在茶楼业和酒楼业的楚河汉界上，做着"脚踏两条船"的危险动作，它的迅猛发展对两个行业都产生了冲击。行业壁垒的打破让茶楼（居）业和酒店业工会再也坐不住了，而且一个不小的市场在茶室业的挖掘下逐渐显露，茶室业也试图分上一杯羹。1924年前后，双方为了争夺茶室业的归属一度掀起风波，几乎动武。在政府调停之下，因为茶室的营业时间和售卖菜肴与酒楼业重叠较多，酒楼工会决定收编茶室，更名为"酒楼茶室工会"。[40,41,42] 茶楼（居）工会自然是吃了亏，为了平息他们的怨气，

茶室的经营时间被压缩到晚饭之后。客观来说，广州能形成独有的夜宵和夜茶文化，乃至延续到今天的三茶两饭一消夜①的餐饮模式，与茶室当时的际遇有着一定关联，用功不可没去形容也不为过。

　　茶室的兴起，让广州两大饮食行业严格的经营界限被打破，营业时间、销售品种不如以前泾渭分明，几乎各大酒楼都陆续开设早午茶市。从20世纪20年代开始迅猛发展，到30年代中期逐渐走向下坡，茶室打破了壁垒，又为自己的衰落埋下了伏笔，思之令人慨叹。

---

　　① 三茶，是指早茶（7—11点）、下午茶（13—17点）、夜茶（20—24点）；两饭，是指午饭（11—14点）和晚饭（17—20点）两个饭市；消夜，晚饭后的一轮饭市。

## 陶陶然兮 开之创之

最早想把酒楼和茶楼一起开的，是陶陶居，据说当时还颇费了一番周折。陶陶居是一家百年历史的茶楼老字号，创办于1880年，历来是文人雅士聚首的地方。据说大堂悬的牌匾，便出自康有为之手。"陶陶"二字，当时曾用征联的方法宣传，征得头名"陶潜善饮，易牙善烹，恰相逢，作座中宾主；陶侃惜分，大禹惜寸，最可惜，是杯里光阴"，挂在厅堂前，供茶客评点欣赏。1925年春夏之交，改成三层楼的陶陶居新址落成，成为全市规模最大、装修最好、设备最精良的茶楼之一，鲁迅、许广平、巴金等曾是座上客。

当时陶陶居的主理人是谭杰南，也是佛山七堡乡人，在广州茶楼业深耕多年，积累了雄厚实力，拥有莲香、云来阁、涎香、六国、七妙斋等茶楼，号称第二代"茶楼大王"，很有开创精神，是业界翘楚。他认为，当时的茶楼不做饭市筵席太保守，太浪费了，决心要以陶陶居为基地，构建一家综合性餐饮企业。他富有创造力地将食品加工部门分为厨房部和点心部，既做早午茶市、龙凤礼饼——这是茶楼本来的经营项目，又经营午晚饭市、小酌筵席——这是酒楼经营的项目，按谭杰南的描述是"用其所长"。

当时"茶室归属"的风波过去未久，两大行业工会刚刚谈妥，关系不那么紧张，现在陶陶居又这样堂而皇之地插足酒楼饭市和筵席，自然招来强烈的反对声音。然而始料未及的是，最先跳出来反对的竟然是茶楼工会的人。他们强调，如果陶陶居聘请酒楼工会的人，他们将不允许陶陶居经营龙凤礼饼和中秋月饼。由此看来，广州的茶楼业虽然曾在"二厘馆—茶居—茶楼"的发展历程中有着冲破藩篱的勇气，但相比酒楼业更趋保守——同样面对自身经营范围的侵夺，酒楼业的态度远比茶楼业开放和缓。然而今天能够保留下来的酒楼老字号，却又不及茶楼多，这着实值得后人细细思量。

无奈之下，谭杰南只好妥协——工人主体由茶楼工会的人构成，从事筵席的厨师从酒楼工会聘请，只是技术指导性质，而且之后也要加入茶楼工会，这才平息了这场风波。不过，这种运营模式与谭杰南的构想差之千里，但陶陶居的筵席还是做起来了。20世纪30年代中期，陶陶居开始每年制作一款"陶陶居上月"，附送高档酒席一席，以供赏月之用。陶陶居的名字如此诗意可人，却富有改革精神，为"茶酒合流"开了先河。

"茶楼"与"酒楼"真正融为一体，要到全面抗战时期，当时的大茶楼也更新设备，打出了茶面酒菜的招牌，酒楼工会和茶楼工会之间的矛盾在这个阶段基本消失。一段激情、浪漫、战斗、冲劲、拼闯、创造的广州饮食业的历史，就这样在茶味氤氲、佳肴飘香的百年时光长河中缓缓流淌而过。

# 老广吃饭的"仪式感"

在广州乃至广东各地饮茶吃饭，无论是在高档酒楼还是普通大排档，要做的第一件事，都是用滚水"啷"（粤语，用水冲洗）碗。杯碗相叠，滚水由茶壶缓缓注入，直至水满过杯；筷子和匙羹（粤语，汤匙）在杯中搅动，发出清脆愉悦的碰撞声；将杯中水倾覆于碗，杯口翻转，在碗中轻巧一浸；最后将碗中水倒去。其间众人又起又坐，忙着奉水倒茶，有时还得替未到者服务，一番忙中有序之后，真正喝的茶水送上，众人安坐，用餐前的一轮"仪式"方才结束。这是今天老广用餐的仪式感，向上可以追溯到一百多年前的清末民初时期。除此以外，当时人们饮茶吃饭，尤其是吃席，更有一套华丽繁复的架势。

## 茶渣盆、铜吊煲和饼食柜

老广自清末民初开始，逐渐养成了饮茶的生活情趣。低档的有二厘馆、茶寮，稍微高档一点的有茶居，更有别致茶室，高敞茶楼，所以有"有钱楼上楼，无钱地下踎（粤语，蹲）"的俗谚，各阶层都能找到适合自己消费能力的饮茶去处。

客人走进茶楼，稍微体面一点的，每张台上都有茶盅、茶盅盖、茶盅垫和茶杯四件头，此外还放着一些吃点心用的小餐具，比如使用粗铁丝制成的长叉，状如"Y"字，是吃干蒸"烧卖"用的；还有茶洗，一个无脚的平底碗。来客开位，"茶炉"（负责煮水斟茶的服务员）先在茶洗内注入开水，由茶客自己"啷杯"消毒，水可以倒入台下常设的一个大茶渣盆——这是茶楼茶居必备之物，有的茶渣盆还是定制的，要刻上本店的名字。

茶客落座以后，"茶炉"问明要喝什么茶，比如龙井、水仙、普洱、寿眉、红茶等，然后放茶叶、冲开水。开水要求双重煲沸：在专用的开水炉上取水之后，再放在每个厅都会设置的座炉上，用煤球烧沸，因为煤球烧出来的热水，够热辣，够滚烫。一个座炉可以放四个大铜吊煲，连水每个重九斤，煲嘴是鸭嘴形的，出水像扇形，以减少冲击力；冲水时要用阴力，避免溅溢。广州人对饮茶非常讲究，除了烹煮的程度要拿捏，水的质地也大有文章，在他们的观念中，自来水不及清井水，清井水不如矿泉水，这与《红楼梦》中妙玉品评旧年雨水和梅上雪水有异曲同工之妙。因此，茶楼中的水也开始"卷"起来，比如陶陶居就别开生面，每天用人力大板车到三元里附近接白云山的九龙泉水，拉入市区后改用扁担肩挑，红色木桶上都漆上"陶陶居"或者"九龙泉水"

的字样，招摇过市。水回来后，烹煮、冲泡归"茶炉"，其余还有杂工、学徒负责清洁茶渣盆、擦铜吊煲等工作。

众人坐定叹起了茶，正式点心又未上，此时就需要一些可口佐谈之物。茶台旁边一般会放个小窗橱，内设数款糖果、蜜饯、饼食，一般放四碟。茶客想吃什么，就自己从窗橱中拿出来。这些小食也许是杏仁饼、蛋卷、薄脆，简单一点的有糖莲子、糖冬瓜、糖金橘、糖荷豆等蜜饯糖果。临走结账的时候，掌柜或者执盘（负责分派、补充和回收饼食的服务员）望一望，就知道吃了多少，该收多少钱。客人走后，执盘再将吃掉的碟数补上。一盅茶喝完了，在茶楼，只需要将盖子揭开，企堂经过看到，自然就会加上开水再盖回盖子，切记不能乱喊"伙计加水"，上茶楼的人都晓得，如果乱喊，任你如何喊，企堂都不会给你加水；茶室则反之，就是喊也没问题，这是百年前老广饮茶的仪程规矩。

## 筵席几时有

随着酒楼业务和广州商业贸易的发展，识饮识食的老广，无时无刻不在创造机会"食番餐"（粤语，吃一顿）。婚丧嫁娶、迎来送往、逢年过节自不必说，有喜筵、姜酌（生孩子弥月筵）、寿宴、斋席（百年归老之席）、饯行宴、迎旋宴、友谊席（挚友情谊的往还筵席）、春茗（春节期间各行业互相联系的筵席）、开年宴（年初二筵席）、蒲节宴（五月初五中午筵席）、中秋席（八月十五筵席）、团年宴（除夕夜筵席）等各色名目，不一而足，各自有适合题旨、内涵和档次的菜品搭配。其中婚姻嫁娶俗例是连吃三天的，俗称开厨吃到三朝。

此外，还有本地百姓信奉的神佛、民间供奉的先贤和各行各业祖师的诞辰，是以城中开筵几乎无日不为之。比如每到郑仙（安期生）、吕祖（吕洞宾）等岭南道教崇拜始祖的诞辰，道教徒都会聚餐几日；关公诞则是工人组织的下馆子日；鲁班诞、关帝诞、观音诞、孔子诞、盂兰节、清明节和重阳节的春秋二祭，都有不少行业大排筵席；还有迎神建醮、水陆超幽等活动更是一连数日，附近酒楼便要忙得不亦乐乎。

## 菜式有渊源

民国的筵席菜式，受私厨家宴影响很深。家厨作为源远流长的一种业态，上至王侯官僚、达官显宦，中至富绅巨贾，下至中等之家、文人名士，都有自家专门的厨师主理，每餐按食谱备饭菜，各有名目，饮食多样。这种厨师仅服务于一家一姓，故以家厨呼之。旧时官员到异地上任，好吃者往往也要带上自家厨子，即便在异地也能吃到自己熟悉的味道。厨子凭手艺特长获得主家青睐，各家名厨往往都有些他人所不能的拿手菜或面点。比如《红楼梦》里荣国府的厨房，茄鲞、鸡髓笋、糖蒸酥酪、胭脂鹅脯、肘子炖火腿、荷叶莲蓬汤、酒酿清蒸鸭子、奶油松瓤卷酥、碧粳粥、菱粉糕……点心、甜食、主食、大菜、汤品，样样精致，色色味美；又如清末历任山东巡抚、四川总督的丁宝桢家厨研制的宫保鸡丁，大书法家伊秉绶任扬州知府（一说任惠州知府）时家厨首创的伊府面等。家厨之间也会互相学习，调和口味，加上主家本身的鉴赏水平很高，如写下《随园食单》的袁枚，无形中使得家厨的技艺水平不断提高。随着官宦的迁徙、圈子内的品评、主客之间的相互学习、近代酒楼业的不断发展等，本来隐身于一家一府之内的美味佳肴开始向社会外溢并形成交流，甚至广为流传，这是饮食文化史上值得重视的现象。

家厨和社会之间的互动，有我们熟知的"谭家菜"，为广东官员谭宗浚、谭瑑青父子的家厨所创，名噪京师。谭瑑青死后，他的姨太太赵荔凤更是堂而皇之地经营谭家菜，实际操作的仍是谭家的家厨。

## 筵制自何来

那么顶级的私厨家宴是什么呢？自然要数帝王之家的了。清代形成了皇家筵席"满汉全席"，历史上曾经叫过"满汉席""满汉大菜""满汉大席""满汉燕翅烧烤席"，甚至有称"满洲饽饽席"的。清朝灭亡后，为了避讳，又改称"大汉全席"，是清代乃至民国最著名、影响最深远、将满汉饮食精华合璧相融的超级筵席。凡遇到国家喜庆大典、督抚巡阅、祭孔等都有此席；为求职谋差、疏通关节，或官僚名士雅集、祝寿结婚、纳妾生子，动辄即云满汉全席，非如此不足显示其高贵。[43]

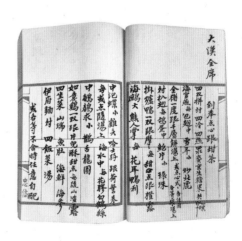

43 《菜色编谱巧制菜品·酒菜斤两》中关于大汉全席的记载
胡金盛撰订
民国

满汉全席规模庞大，不仅菜肴丰盛，更是歌鼓声乐样样皆全，一场筵席下来，各种菜式共计108样，饮食结合娱乐，完全按照《周礼》所说的"以乐侑食"的概念，极讲排场。现场有"乐单"和"菜单"两式。乐单是指戏曲、戏班、戏子的名称简介和安排。菜单通常被分作两份，第一份称为目录序，当中列明所有菜式，如"四热荤"有什么、"四大碗"又有什么，一目了然，格式类似现代点菜的菜谱；另一份称为秩序谱，每天菜式编排和其他程序详细序列。秩序谱又分三份，一份书写美观，留给宾客留底或欣赏；一份有菜式材料的斤两分量，供厨房使用；还有一份留在台面，让侍应们知道上菜的先后顺序，菜肴是否上席，随机统筹大局。这样的传统也承袭了下来，后来酒楼负责写筵席菜单的"师爷"，同样会制作三份"叙脚"（也称"序脚"），客人、厨房、传菜部各一份，功用与满汉席一样。

客人一到，先用小型铜面盆盛净面水和香巾，给客人洗脸，再献香茗和四色点心、银丝面，让客人先尝。吃罢开始各式消遣，或茗叙、下棋、吟诗作画、打牌等，手碟中备有瓜子、榛仁之类可信口而食，这道程序为"到奉"。酒席台子摆好，"四生果""四京果""四看果"摆列四边，形成一幅华美图案。宾主入席后，先上"四冷荤"饮酒，续上"四热荤"。酒起兴，再上大菜鱼翅，同时献上香巾擦汗，继续上第二道菜肴，行酒令。献香巾毕，上第三道、第四道菜，至酒酣，再上第五道菜，以及饭、粥、汤等，食罢，以小银托盘盛牙签、槟榔给客人使用，最后上一遍水，让客人洗脸，满汉全席即告结束。筵席期间穿插戏班唱乐，舞乐流连。精致的餐具，高雅的席面装饰，科学而考究的分批上菜法，场面的控制，节目的调度，菜式的安排，深刻影响清末民初广州筵席的制度，成为当时广州筵席制式的蓝本。从民国时期宴陶陶酒家的柜面存单可知，酒家有类似满汉筵席制式中的"生果""红瓜（子）""冷荤"等菜品。（见前插页图XI）

## 盛席华筵　在粤一方

　　光绪年间，满汉全席开始风靡全国，各地相继仿效，并且逐渐融合当地风味，形成各具特色的满汉席，如京式、川式、晋式、鲁式，其中粤式满汉全席也是其中的代表性种类。广州能承办此席的有贵联升、福来居、南阳堂、一品升、聚丰园、玉醪春、品联升、英英斋等多家酒楼，对于当时各省市来说可谓绝无仅有。但只有名厨钟棠、钟流坐镇的贵联升可以同时承办两席，因而名重一时。

　　辛亥革命后，满汉全席因为价格高昂，索价由千到万，款数太多，食用烦琐，费时失事，一席需由朝到暮，与推翻清王朝封建统治的革命氛围以及民初所提倡的简朴之风格格不入，逐渐为人们所弃，但它的制式并没有完全消失，而是逐渐被简化并沿用至民国广州筵席之中，形成了十大件、八大八小、六大六小、六大四小、四大四小，还有"四热荤六大菜"（六大四小）、"八大件两热荤"（八大两小）等规制。此外，较为平民化的有中等九大件、普通九碗头、九大盏，这些形制脱胎于满汉全席。具体菜式则根据筵席主题、价格、酒家主打拿手菜等各有不同。而今天我们一些吃席的不成文规则，比如最后一道一定会上包点，中间会有粉面等主食，都从满汉席而来。（见前插页图V）

　　在较高级的宴会中，也有一个习以为常的规矩——歇席。歇席的方式，是在吃唱中途，菜肴上到一半左右时，主人家宣布歇席，暂停上菜，服务员便送上几味小碟。小碟多是冷点，如皮蛋、酸姜、酱瓜之类。这时客人或用小点，或用茶烟，彼此随意攀谈，或者离席解手。如在家设宴，奴仆便在此时给客人上茶奉烟，待客人歇得差不多了，再重新起筵。

蟹肉、鱼翅、乳猪、石斑……这样丰盛的筵席，一席能请多少位客人呢？当时酒楼多用方形八仙台，一桌只坐八个人，每边各两人，席次、座位严格区分主客亲疏和社会地位，一般来说，左为尊，右为次；上为尊，下为次。坐在北面左侧的一般是身份地位最尊贵的客人，北边右侧的是陪客的主人，对面的是小辈，服侍端茶、倒水、接菜品等，其余客人和陪从分坐两侧。高级或隆重宴会则坐六人，空出一边，用以装饰台面，气氛更加庄重。还有一种长方形的窄一点的日字台，两侧各坐一人，一共只坐六人，粤语中"六"与"禄"同音，寓意爵禄高登。这类宴会厅堂布局多为门字形，方便交谈、上菜和欣赏席中表演。

## 广州话的"九大簋"是怎么回事

广州有一句俗语，将很丰盛的筵席叫作"九大簋"。"九大簋"这是怎么来的呢？上文提到，当时的广式筵席制式，较为平民化的有中等九大件、普通九碗头、九大盏等，由九道菜式组成，这是一般市民婚丧嫁娶、迎来送往、逢年过节的选择，"九"字由此而来。"簋"是何物？有一种解释是，"簋"是商周时期王室贵族配合"鼎"使用的礼乐祭祀品和食器，鼎用单数而簋用双数，最高级别的是天子用九鼎八簋，可见簋最多能用八个，故而"九大簋"可能是以夸张的手法极言筵席的丰盛。

当时承办这些市民筵席的，主要是一种叫"大肴馆"的行业，又称为包办馆、酒馆等。它们的装潢、场地都不如大酒楼，胜在价格经济实惠，以小价钱承办大酒席。大肴馆主要采用的是"上门到会"或者"会送"方式。所谓"上门到会"，指的是宴会当天，肴馆备好原材料，派出厨师、伙计到顾客指定地方开做筵席。一般早上就由伙计将餐具以及各种烹调用具挑到目的地，打点好各种杂务和备菜程序，等候厨师到位掌勺；好一点的筵席一般用锡器，比如锡碟、锡窝，多数为圆形，工艺较为精良，大方名贵，但较笨重。广州人不知是不是因为这些盛菜的圆形锡窝形状如"簋"，所以有"九大簋"之说呢？答案不得而知。而"会送"，则是提前在店内做好菜式，备齐菜具、餐具和佐料，用木箱装好，由酒家的杂工用木托盘顶在头上奔走送到，远近照送，这就比较考验工人的脚力了，适合家里不便开火用灶的顾客。

选择上门到会或会送的市民一般在哪里摆酒？首先当时的城里城外未有马路，都是可以利用的空地；其次城乡附近的居民大多聚族而居，哪怕非聚族而居的也有"社"这样的管理组织，每社管辖几条街不等。宗族和社都有公产，比如宗祠、书院、社学、家庙大院，还有数不清的神庙广场，只要是本社的百姓，通过主持本族本社事务的乡绅，不难借到摆酒的地方。而且当时的广州居民大多都是独门独院的，如果只是摆几桌酒，地方自家都可以解决。

民国时人云，"食在广州，生在苏州，住在杭州，死在柳州"。苏杭富庶优容，秀色如画；柳州荒远，硬木葱郁，木作工艺高超；处在山海之间的广州，异材特出，丰饶琳琅，守正而又机变，可谓是吃的天堂。对于好吃、善吃、爱琢磨吃的广州人来说，每一次细致打磨食物的尝试，每一套吃饭的规矩程序，每一个以食物愉情悦意、联亲结友的瞬间，每一个考究的餐桌礼仪动作，都是对人情和生活的敬意。

# 一块钱在民国广州，
# 你可以吃到什么？

　　翻看一页页泛黄的民国菜单，你不免会为当时的物价而惊讶，大酒家的一桌翅宴不过一二十元，普通茶室的一份点心基本以"毫"甚至"仙"（粤语，分）计费。以著名的太平南路陆羽居酒家为例，15元的酒席即有蟹蓉燕窝、冬瓜炖鸭等五大碗、四小碗、二冷荤和点心一度，20元和25元则有鱼翅、乳猪，30元为顶格席面——十大件、四热荤，有鱼翅、燕窝、石斑、白鸽、鸡、鸭，闻之令人食指大动。（见前插页图V）

再看1921年中华茶室的一则美点期刊，莲蓉香粽、肉蓉蛋糕、菠萝凉糕、杏仁奶冻、蛋黄酥挞、虾肉粉果、火鸭粉卷通通半毫，鲜奶啫喱、脑印藕糍团、上汤水饺、手撕鸡撒子、山药虾饼盛惠1毫，最贵的烩鸡丝饭也不过2毫。一份华南酒家的饭品菜单，蚝油鸡丝饭、茄汁鸡什饭、柱侯排骨饭、波蛋牛肉饭都在2毫上下，扬州炒饭、牛肉炒河粉、滑牛米粉、炸酱面、排骨面之类每碗3毫半，伊面、烩面、肉丝炒面，则5毫至1元不等。相比于今天网红餐厅、"雪糕刺客"的肆意横行，乍看之下，民国广州的餐饮业似乎相当亲民宜人，一块钱能吃到的东西相当可观。（见前插页图X、图Ⅷ）

然而民国时，广州居于民主革命策源地，几经革命、改易、动乱，政局动荡，虽有复苏繁荣之时，但并不是大道之行的桃花源。1928年南京国民政府成立，"南天王"陈济棠执掌广东以前，广州经济一直不稳定，物价频频飞涨，生活成本比北京、上海等城市都要高出不少。要想了解民国时期广州货币的真实购买力和餐饮业的实际消费水平，应以当时百姓收入和生活状况、生活必需品的零售物价、货币发行情况与今天对标参照。

## 下馆子其实挺奢侈，不过再穷也要饮饮茶

邓中夏在《一九二六年之广州工潮》中对当时普通工人的生活状况有过详细调查和统计，全广州九成的工人每月工资最多不过15元，而一般单身工人的最低生活费用就已经需要13.8元——对于身强力壮、待遇较好的工人来说，这样的收支情况也不过勉强糊口而已。其中留下2.5元作为每月的饮茶（粤语，吃点心）

费用，平均每日 1 毫左右，恰是一两份点心的价格。邓中夏注释道，饮茶是广州工人的保留节目和特别嗜好，再穷也要饮茶，这是纾解精神和身体困顿的"刚需"手段。他们每月饭食费用为 7 元，每日只能吃得上两顿饭，平均下来一天 2～3 毫之间，每顿 1～2 毫，几乎连茶楼中最便宜的 2 毫原煲白饭都消费不起。[44]

工人群体如此，再看中产阶级乃至更富者。1931 年，广州市公安局、财政局的科长月薪在 50～70 元之间，普通科员在 20～30 元之间，等级最低的收发员也有 16 元上下——相当于工人阶层的收入天花板。又如学校老师，民国广州公立学校教员分为九级，最低级每月能领 30 元工资，最高级别的可达 125 元。名教授、学者就职高校，收入更是不菲。1927 年 1—6 月，鲁迅在广州，中山大学给他开出了 500 元的工资。与普通工人、人力车夫等劳动行业相比，他们大概才是酒楼茶肆真正的"目标客户"。

我们可以以鲁迅为例，根据《鲁迅日记》和他与许广平的书信合集《两地书》，可知鲁迅在 1927 年盘桓广州的大半年里，其足迹遍及市内各大饭店、酒楼、茶楼，如亚洲酒店、陶陶居、妙奇香、太平分馆、小北园、东方饭店、陆园茶室等 30 余家。对于广州饮食业的物价，深谙本土饮食文化的许广平是这样评价的：

《两地书·五一（一九二六年九月至一九二七年一月）》许广平致鲁迅："广东一桌翅席，只几样菜，就要二十多元，外加茶水，酒之类，所以平常请七八个客，叫七八样好菜，动不动就是四五十元。这种应酬上的消耗，实在利害。"

"我们三人在北园饮茶吃炒粉，又吃鸡、菜，共饱二顿，而所费不过三元余。"

《两地书·七七（一九二六年九月至一九二七年一月）》许

人工資是何等微薄！

工潮起來之後，工人要求增加工資，有的要求增加二三成，有的要求四五成，最高者六成（印務工人算是例外，有其特別原因，請參看人民週刊二十五期「廣州印務工人的經濟鬥爭」一文。我們拿長工資的平均數十元做一個標準，加三則為十三元，加六毫不過十六元而已，何況加六為絕對少數。試問增加區區工資是否可夠生活呢？我們看下面兩個工人最低生活費用表便可以知道了。

單身工人最低生活費用表

| 飯食 | 七元 | 理髮 | 二毫 |
| --- | --- | --- | --- |
| 屋租 | 二元五毫 | 煙仔 | 六毫 |
| 衣履 | 八毫 | 飲茶 | 二元五毫 |
| 工會費 | 二毫 | | |
| 總共 | | | 十三元八毫 |

---

## 二、勞資的糾紛

### △工資問題

廣州勞資糾紛問題，實在叫人誤解，莫藥，甚至拾繆，卻不少了。然而按諸事實是怎樣呢？

我們把勞資糾紛中提綱重要的問題，分開來簡明的說一說。

首先說到工資問題。

廣州工人的工資，除擬公事專業和交通事業兩部份外，其餘絕大多數的工人（占全廣州市工人百份之八、五）生活比較可以過份去之外，其餘絕大多數的工人（占全廣州市工人百份之九一、五）工資是很微薄的。他長工多者每月十五元上下，少者五元亦有。平均計算，每人每月約二十元。

說到女工尤其可憐了。每月工資平均約為七元，她們還是全做散工，或論件給值。，許多是做工不給工資，即給工資每月也不過二三元，平均每月共得一元五毫。此種僅得的工資，猶復時受種種無理的扣折。

大家看看，廣州工

---

附釋：

一、飯食——指到飯店包飯，或零吃，單身工人自然無力起火。

二、衣履——每年大概三套，單衣二套，夾衣一套，棉衣一套，帽一頂，鞋三雙，約十元，平均每月八毫。

三、煙仔——工人皆怕不敢喫紙煙，此撿熟烟，每日只定三先。

四、飲茶——因為廣州工人特別嗜好，然工人每日只吃兩顆，辛苦之餘，飲茶以解其困，實屬必要，每日只得十二先。

六口之家工人最低生活費用表

| 米 | 十四元六毫 | 理髮 | 六毫 |
| --- | --- | --- | --- |
| 柴 | 五元 | 煙仔 | 一元二毫 |
| 油鹽 | 一元八毫 | 飲茶 | 二元五毫 |
| 菜 | 九元 | 燈油 | 二元五毫 |

44
邓中夏著《一九二六年之广州工潮》
中记载的广州工人日常开支情况
1927 年出版

广平致鲁迅："在广州最讨厌的是请吃饭，你来我往，每一回辄四五十元，或十余元，实不经济。"

即便是出自名宦世家、身为本地名流、收入颇高的许广平，也认为广州酒楼吃席实在太贵了。

在广州，一般有正当职业的普通职员和工人收入大多在10～30元之间，邓中夏的统计结论是六口的工人之家最低生活费用是47.8元，可见一桌上等的筵席，基本消耗掉普通老百姓家庭整月乃至数月的生活费用，其奢侈程度，与刘姥姥叹贾府螃蟹宴相类。哪怕是许广平以为划算的两顿北园便饭，所花费用也超过普通百姓月收入的十分之一。

除此以外，一桌筵席所费不止菜价，还有其他杂七杂八的娱乐开销，比如徐珂在《清稗类钞》中计算过，"厅租四元，茶资四元（以十人计算），面水四元，瓜子二元，水果一元，干果一元，牌租一元……杂项十元，洋酒十元……若更加烧猪、燕窝、点心、汽水，或叫局唱戏，并小账及客人之轿班、差役等堂金，则已在百金左右，犹为寻常之宴会也"……这张广东酒店柜面存底就是一个现成的例子，上有"李胜飞先生蒙用一房、菜一桌"的字样，用苏州码子①记录了这位李先生共用菜9元，还要了岩茶5份、瓜子2份、大柑酒1支、晏粥3份、芥酱3份、点心5份，其他还有槟水等，总共消费12.4元。（见前插页图Ⅸ）可见下馆子，升斗市民不能说消费不起，便饭是可以偶为之的，但一桌筵席大概就得望洋兴叹了。

---

① 苏州码子：也叫草码、花码、番仔码、商码，是中国早期民间的"商业数字"，脱胎于算筹。

# "元"来有不同

民国时期，对于广州人来说，饮茶不算特别奢侈，吃席是真的挺贵。当时的饮食消费，大致相当于今天的什么水平呢？这大概要从货币单位"元"说起。

清末民初，币制改革正式在中国推行，确立了银元制度，两广总督张之洞率先在广东设厂铸币。我们今天最熟知的银元，当时俗称为"大洋"，每枚面值一元。除此以外，还铸造各种以"角"来计算的辅币，比如单毫（1角）、双毫（2角）等小银币，俗称"小洋""角子"或者"毫洋"。一般来说，大洋的含银成色较高，达到90%，而广东本地的小洋成色在70%到80%之间，铸造小洋比较有利可图；加上小洋大小适宜，便于携带，以当时广东的物价，日常各种经营、交易、交租等小额交易用它来结算也比较方便。比如饮茶点心，用一两枚双毫、单毫之类的小洋结账即可。所以，当时广东本地的主币已经不是大洋，而是一枚枚小巧银毫，尤其是双毫，甚至从1918年开始，广东铸币厂只铸造双毫，连大洋都不再铸造。

小洋（角）和大洋（元）如何比价？现在的常识是10角等于1元，自然就是10∶1，这是今天信用本位制下的情况。而在银本位制的民国初期，在实际流通中，要6个双毫或者12个单毫换1元大洋，而因为小洋成色不足，要5个双毫或者10个单毫换1元小洋（小洋自身的兑换逻辑还是符合我们今天认知的）。所以，小洋和大洋的兑换比率大概是1∶0.8。

所以，民国时期广州大洋之"元"和小洋之"元"并不是一回事。无论是菜单上的标价、各零售业的物价，还是工资收入，也无论是回忆录、文献，还是其他记载，如果没有特别指出，到手的或交易的钱币大体都是小洋。《鲁迅日记》是这样记述中大在 1927 年 1 月给他开的工资的："收本月薪水小洋及库券各二百五十。"他的 500 元月薪其实是由 250 元小洋和 250 元库券（后文再述）组成的，可见他的工资并不是纸面显示的那样高，实际购买力还得打点折。

1931 年 10 月，广州《统计汇刊》推出一份本月的零售物价表："安南白碌"大米约 0.09 元一斤，广州销量最高的"新兴白"牌大米约 0.1 元一斤；牛肉和瘦猪肉分别为每斤 0.6 元和 0.9 元，这是个比较有趣的现象，和今天认知有所偏差，牛羊肉的价格在近代及以前一直比猪肉要低，直到最近几十年才开始超过猪肉——当时的大酒家多不用牛肉做原料，认为牛肉不够名贵；大鱼和鲩鱼稍低，都为 0.4 元左右；鸡蛋 0.04 元一只，生油 0.3 元一斤，价格单位都是小洋。[45]

1930 年前后，一元小洋可以买到 5 ~ 10 份点心或 10 斤大米，或 2 斤牛肉，或 1 斤猪肉，或 2 斤鱼，以现在的物价度之，一元等于今日之 50 ~ 60 元人民币，考虑到政局状况、物价涨跌、币值升降、饮食观念等因素，总体有所浮动。从民国菜单上看，一份点心，大致等于今天的 5 ~ 10 元人民币，各种粥粉面饭在 20 元左右，更贵的伊面、烩面，可以达到 30 ~ 50 元不等。

然而再结合时人工资一看，就算是教员这样收入远高于普通劳动者的阶层，低级别的一个月也只有 30 元，只能买到三四百斤大米或者三四十斤猪肉，相当于今天 1500 ~ 2000 元，购买力竟然类似今天的最低收入标准，一般体力劳动者就更不必提了。如果用筵席来比较，中等的 30 ~ 40 元，相当于今天的 1000 ~ 2000 元，高档的 50 元甚至更高，相当于今天的 3000 元以上，这样的价格按今天的收入水平来看都很高，实在令人咋舌。

## 廣州市零售物價表

### 民國二十年十月份

統計彙列統計

| 物品 | 單位 | 上旬平均 | 中旬平均 | 下旬平均 |
|---|---|---|---|---|
| **米類** | | | | |
| 碎粘白 | 斤 | .095 | .095 | .096 |
| 白粘 | ,, | .082 | .082 | .083 |
| 宣白 | ,, | .118 | .118 | .118 |
| 南雪 | ,, | .104 | .104 | .104 |
| 南白 | ,, | .104 | .104 | .105 |
| 安金新上油 | ,, | .116 | .116 | .116 |
| **肉類** | | | | |
| 牛肉 | 斤 | .600 | .600 | .600 |
| 瘦肉 | ,, | .900 | .900 | .900 |
| 五花肉 | ,, | .560 | .560 | .566 |
| 本地項鴨 | ,, | 1.095 | 1.033 | 1.028 |
| 大餩魚 | ,, | .663 | .663 | .662 |
| 大鹹魚 | ,, | .400 | .400 | .400 |
|  | ,, | .440 | .440 | .440 |
|  | ,, | .550 | .550 | .550 |
| **蔬菜類** | | | | |
| 蕹菜 | 斤 | .107 | .107 | .107 |
| 蓮藕仔 | ,, | .048 | .048 | .061 |
| 大菜 | ,, | .039 | .039 | .039 |
| 細菜 | ,, | .069 | .081 | .081 |
| 橫菜瓜 | ,, | .111 | .111 | .111 |
| 惠州菜角 | ,, | .067 | .078 | .070 |
| 白菜蕹 | ,, | .111 | .111 | .121 |
| 鹹菜瓜 | ,, | .124 | .133 | .147 |
| 苦瓜 | ,, | .088 | .078 | .073 |
| 潮州芥 | ,, | .044 | .056 | .064 |
| 冬瓜 | ,, | .158 | .200 | .144 |
| 豆角 | ,, | .113 | .127 | .141 |
| 韮菜 | ,, | .124 | .156 | .188 |
| 絲瓜 | ,, | .058 | .053 | .056 |
| 莧菜 | ,, | .043 | .050 | |
| 甕芥 | ,, | | .107 | .104 |
| **其他食品** | | | | |
| 鷄蛋 | 只 | .049 | .040 | .040 |
| 鴨蛋 | 只 | .040 | .040 | .040 |

| 物品 | 單位 | 上旬平均 | 中旬平均 | 下旬平均 |
|---|---|---|---|---|
| **麵類** | | | | |
| 鱺尤粉 | 斤 | 1.600 | 1.600 | 1.580 |
| 中排 | ,, | 1.417 | 1.417 | 1.401 |
| 兵白粉 | ,, | .153 | .153 | .152 |
| 船嚟 | ,, | .127 | .127 | .126 |
| **豆類** | | | | |
| 豆 | ,, | .150 | .150 | .150 |
| 紅花信竹油 | ,, | .200 | .200 | .200 |
| 花香糖 | ,, | 2.600 | 2.600 | 2.600 |
| 甜生糖 | ,, | .300 | .300 | .300 |
| **生抽** | | | | |
| 本熟 | ,, | .081 | .081 | .081 |
| 地翅 | ,, | .310 | .310 | .311 |
| 二大 | ,, | .080 | .080 | .080 |
| 片 | ,, | .220 | .220 | .220 |
| 砂糖 | ,, | .221 | .221 | .221 |
| 硃奶 | 罐 | .871 | .871 | .873 |
| **衣着類** | | | | |
| 棉花 | 斤 | .967 | .967 | .971 |
| 廣興大成 | 正 | 3.250 | 3.250 | 3.294 |
| 除宴斜布 | 尺 | .280 | .280 | .280 |
| 赴京灰布 | 尺 | .153 | .153 | .153 |
| 線條土布 | 尺 | .150 | .150 | .150 |
| 文石絨衫 | 件 | .833 | .833 | .824 |
| 榴嚟線 | 件 | 1.933 | 1.933 | 1.925 |
| 正禮服皮底鞋 | 對 | 2.670 | 2.670 | 2.670 |
| **燃料類** | | | | |
| 大青柴 | 担 | 1.538 | 1.538 | 1.609 |
| 松膠雜水 | 担 | 1.667 | 1.667 | 1.751 |
| 星嚟火氏 | 斤 | .262 | .262 | .262 |
| 白禮洋燭 | 包 | .327 | .327 | .327 |
| **雜項類** | | | | |
| 廖切生蒸 | 兩 | .069 | .069 | .069 |
| 雲煙酒蓁 | 斤 | .207 | .207 | .207 |
| 雙蓁清茶 | 斤 | .550 | .550 | .550 |
| 遠昌紹紙 | 矸 | .150 | .150 | .150 |
| 新聞紙 | 十張 | .170 | .170 | .170 |
| 一寸長釘 | 斤 | .223 | .223 | .223 |
| 棋子邊日字 | 張 | .825 | .825 | .825 |
| 潮州中等多青碗 | 筒 | .567 | .567 | .567 |

三八

## 民国吃饭就能用券？

今天我们出去吃饭，总会上各种 App 看看有没有优惠券、兑换券、消费券，这是新时代青年"薅羊毛"的自觉。其实百年前民国时期的广州，吃饭也可以用各种券，比如陆羽居的菜单上，每一份菜品点心对应的标价单位，变成了储券、军票若干。（见前插页图Ⅰ）和今天"薅羊毛"的快乐不同，民国的这些券并不那么美好，甚至还暗含着家国沦亡的血泪之痛。

民国的券，其实就是和银元相对的纸币。早在20世纪20年代，中国各地银行就开始发行大洋和小洋兑换券，可以直接兑换流通的银元、辅币，也可以买卖物品。按广东地方政府规定，理论上面值1元的小洋券可以兑换小洋1元，但在实际流通当中只能兑换小洋8角。大洋券、小洋券、大洋和小洋之间也各有兑换比率。除此以外，政府还发行国库券，简称"库券"。上文提到过的鲁迅某月工资，其中有一半就是国库券，按国库券在广州的兑换比率购买力还不如小洋。

那么陆羽居菜单上的军券、储券又是什么来历？20世纪30年代开始，为了应对世界性的金融危机，抑制白银外流，国民政府开始币制改革，回收银元、银币，全面推行纸质货币，当时称为法币。1938年日军占领广州后，日军借助军事力量强制推行一种叫军票的纸币，没有发行准备和保证。他们入城后不久，就在今天的光复路一带开了收米站，老百姓用1斤米可以换10元军票，用这样的方法来推广军票。当时的广州在日伪政权统治下，要11元大洋券才可以兑1元军票。

除此以外，广州日伪政权也发行了新币，简称为"中储券"或者"储券",替代法币成为本位货币,大概要10元储券才能兑1元军票,所以大洋券和储券与军票的比率大致都为10∶1,这是日本人对本地经济显而易见的侵略。当时大小汉奸官员的薪水都用军票来发放,衣食住行和各类开销需要用到军票,所以军票、储券逐渐在市面流通起来,连菜单都不免以此标价。不过从陆羽居那张菜单看,没有充足发行依据的军票并没有那么值钱,和储券比率在5∶1左右,比如芙蓉虾薄饼军票20钱,储券1元1毫即110钱;腊味萝卜糕军票15钱,储券8毫3即83钱;鲜虾凤冠饺军票10钱,储券5毫6即56钱;酸菜牛三星军票45钱,储券2元5毫即250钱;合时腊味军票70钱,储券3元8毫9钱即389钱;明炉乳猪军票50钱,储券2元7毫8钱即278钱。(见前插页图Ⅰ)

由于1941年日本军票逐渐停止发行,推测这张陆羽居菜单的年代在1938—1941年之间。日寇侵略时期广州的物价和之前相比如何?以这张菜单上的点心为例作粗略比较。菜单上的点心共分为5毫6、8毫3、1元1三档,菜式和饭餐在2~4元之间,单位为储券。而20世纪二三十年代之间,一份点心1毫、2毫甚至半毫,各式饭餐5毫~1元,以小洋为单位。储券和小洋如何换算?最初大洋券和储券与军券的比率大概在10∶1,可以大致将储券和大洋券视为等同价值。而小洋券和大洋券的大致比率为1∶0.8,小洋券和小洋的比率也大致在1∶0.8,小洋券大致与大洋券等值,则也可与储券视为等同价值,从菜单的价格来看,可知日寇占据时期的物价确实相较之前上涨了五至六倍。如果考虑到储券后来与军票的比率上升到5∶1,估算可知储券和小洋之间也形成了1∶2的比率差,按照这种算法来看,物价甚至可以上涨到10倍以上。

物价如坐直升机扶摇而上，一块钱买到的东西不复往昔。日寇铁蹄践踏下，哀民生之多艰乎。

## 吃饭还得"捐"点钱

在陆羽居的筵席菜单（见前插页图V）里有一句话："全桌菜式，岩茶香巾席捐包在价内××元算。"岩茶香巾好理解，岩茶，酒楼供应的茶水；香巾，就餐前、中、后净面、净手的温热毛巾，这些都是筵席标配，都包在价格之内。唯独"席捐"有点令人费解，难道民国时吃个席还得捐点钱吗？

"捐"，其实是老百姓上交国家的财物或者金钱，成语中就有"苛捐杂税"一词，将税与捐并举。"席捐"，顾名思义，是对在酒楼饭馆置备筵席的行为征税，简单理解就是收餐饮税。1925年，广州国民政府在成立前后就开始整顿自己的"钱袋子"，其中一项措施就是开辟五种新税源，席捐列首位。日日繁华、人声鼎沸的广州餐饮业，有着极大的经营收入和税收空间，直接催生了席捐在广州的开征。

我们知道，民国时期广州吃席之豪奢，只有富人、名人、高级公务人员等社会名流新贵者才能承受，所以席捐的设置有较为明确的指向群体，征收起来有分级机制，主要还是收割"高端"消费者。门面堂皇、营业较旺的，比如合称四大酒家的大三元、南园、西园、文园，每个月要缴纳几百至上千元，其他依此类推，每个月缴数十元至一二百元不等；做小本买卖的，卖一角几毫点心饭菜的则可以免征。如果是用自家的厨师置备家宴款待客人，和市面上各酒楼筵席没有交易的，也可免征。

席捐大概要交多少？因为当时税制变更频繁，较为混乱，只能举一隅。1925年前后，广州市征收的筵席税是10%，也就是说10块钱的饭菜要付11块，后来还规定增加0.25%作为教育经费——这在民国年度教育概况报告中都有体现。1942年颁布的《筵席及娱乐税法》规定，筵席税征收税率是10%，消费20元以下免征。想象自己是民国时人，走进酒楼茶肆消费一元几角的你，大可不必为席捐过于发愁。

　　不过饮食男女，人之大欲存焉，人日日都要为吃喝消费买单，席捐如何能不成为一块为人觊觎的大肥肉？1929年，广州政府对席捐打起了加码的主意，按额计征，而且无论奢侈筵席还是便饭简餐，通通都要开征，每家茶楼酒楼都分到一本报税单，客人写菜，店家就要填单上报，否则一经查出，就要作瞒税处理。不仅如此，还派出稽查人员四处查账查税，让茶楼酒楼食肆不胜其扰，最后逼得全市全行业停业罢市，方才停止了这场席捐闹剧，仍然回到原来包税的路子。

　　20世纪40年代，上海女作家苏青在散文中不无牢骚地写道："即在幽静清雅的小吃店里，也还是小心翼翼地计算着筵席捐，吃了100元一盆的菜便须付130元的代价呀，还是吃我一日三餐的蛋炒饭吧！"但是在那个静好和动荡交叠的年代，无论高低贵贱，是居家还是在外，是一碗家常的蛋炒饭、一盅两件抑或是盛席华筵，只要能吃上每一餐饭，每一个杯碗交鸣的瞬间，都是生活中最怡情悦意、值得珍视的时光。人生别无他事，不管来路前途，只要人尚在，就努力加餐饭，方不辜负每一个日子。

# 起菜名，大讲究

除了吃饭饮茶讲规矩、讲排面、讲阵仗，老广对食物和菜品的称谓也非常在意。《论语》中就记载孔子的名言，"名不正，则言不顺，言不顺，则事不成"，更何况老广对"吃"最为津津乐道，从早午茶、午饭、下午茶、晚饭晚茶到消夜，一天之中食不离口，时时谈吃，怎么能不讲究吃食的名讳称呼？

举例而言，"猪血"之"血"字，会让人产生血光之灾的联想，故将其改成"猪红"，红红火火，岂不美哉？又则"猪肝"，"肝""干"同音，水为财，干枯干竭，怎么得了？改作"猪润"，令人回嗔作喜；"猪舌"的"舌"与"舍"同音，改成"猪利（脷）"再好不过；"丝瓜"的"丝"，音近"尸、输、撕"，都不是什么好意头，干脆就作"胜瓜"，万事胜意，节节胜利；苦瓜让人苦涩，改作"凉瓜"听起来就最清爽舒心不过。陆羽居筵席菜单便可见民国时期广州人称"苦瓜"为"凉瓜"的习惯。（见前插页图 V）这些食品称谓，让我们看到老广对于好意头的追逐和朴素表达。这是一个非常有意思的社会学、心理学、语言修辞学、音韵学等的观察窗口。

## 老广最爱的吉祥梗

粤菜的命名很少如北方的鸡蛋炒西红柿、猪肉炖粉条那么一目了然。1977年，日本一家电视台拍摄了一部中国烹饪专题片，在香港定制了一桌2万美元的满汉全席。里头吃的是什么呢？"龙凤交辉、紫围腰带、松鹤遐龄、月影灵芝、袖掩金簪、牡丹凤翅、昆仑网鲍……"让人如坠云雾之中的菜名报下来，有个美食博主不禁哑然失笑，这分明就不可能是满汉全席这样的宫廷菜或者谭家菜这样的官府菜起名的路子，它们的菜名虽然也会讨口彩，但还是明明白白让人知道菜式原料，没有让贵客看谜面猜谜底的道理，这定然是粤菜起名的路子——这桌筵席是在香港定制的，自然是有着粤菜菜名一脉相承的气质。

加官进爵、添丁发财、门庭兴旺、举案齐眉、子孙绕膝、福寿俱全……这是中国传统对世俗生活的最高理想，这一点在广州这个拥有两千余年的海贸历史、商业氛围浓郁的世界之都，体现得更加极致。除了文章开头说的直接避讳以外，老广在吃食的命名上，经常提炼出主要食材的谐音、性状特点，并将之与坊间的吉利话头结合，炮制出一个个雅致又通俗、华丽又气派的菜名，乍看不知所以然，谜底揭晓，才知都是老广朴素的好意头，闻之令人解颐，诙谐幽默，意趣盎然。老广起菜名，真是玩出花样，玩得绝妙。

比如喜筵，有带子成群（带子羹）、早子肥鸡（红枣切鸡），寓意早生贵子；百年好合（莲子百合）、鸾凤和鸣（公鸡炖母鸡），祝愿夫妻举案齐眉，伉俪情深；寿宴上，有长寿仙翁（伊面）、海屋添寿（即鸡蓉冬笋螺片，因响螺形似屋子，故被借用为"海屋"，传说中海上的仙屋）；进学酌上，则有开卷生香（腰肝卷）、勤心上学（芹菜猪心）、独占鳌头（鲤鱼）；开年筵或春茗上，则有大展宏图翅（红烧大裙翅）、发财好市（发菜蚝豉）、金银满掌（蟹黄虾胶酿鸭掌）、源源生财（鱼丸生菜）、年年有余（鱼）、横财就手（发财猪手）、龙马精神（虾仁马蹄）、满载金钱（扒冬菇——冬菇的处理，一般在中间画交叉刀，外圆内方，形似"孔方兄"，即铜钱，显示了广府社会毫不掩饰的商业气味。除了原本近似铜钱状的冬菇，其他食材如果以铜钱状改刀，都可以以铜钱作为代称）。

## 舌尖上的风花雪月

　　除了好意头，老广还会巧妙地为普通菜式注入诗情画意，不少食材和做法还形成了固定的美称，比如鸡谓之凤，蛇喻为龙，猫则称为虎，凤凰烩鲜肚、凤凰椰丝戟、陇上凤凰、凤玉绕龙等带有"凤"的菜式和点心，都与鸡蛋、鸡肉、鸡丝等有关；又如芙蓉虾片的"芙蓉"，指的是鸡蛋清做原料炒成质感嫩滑的菜式，成菜后蛋清洁白如出水芙蓉，因此而得名。清代的一本烹调书籍《调鼎集》就汇聚了多款芙蓉菜式，延续至今，全国各地的芙蓉菜式多达数百种，可以说得上是长盛不衰的做法了。江南百花鸡、窝烧百花茄的"百花"，专指以虾胶为主摔打而成的馅料。虾胶生的时候是透明的，蒸熟的时候就会变成粉红色，像开了花一样漂亮，所以被叫作百花馅。月映红梅，红梅指的是肾球，色似红梅，以花刀切成花状，栩栩如生，与之相对的白雪、白梅，则多指雪耳，比如白雪包翅，即雪耳鱼翅也。其余还有翡翠玉龙珠等，尚未查找到具体材料，但"翡翠"大概率代指碧绿色的蔬菜；玉龙珠，不是某种禽蛋就是某种肉丸了。

其他运用了谐音和意会手法的雅致菜名，还有燕尔和谐（燕窝蟹肉）、万里鹏程（乳鸽）、乌龙吐珠（大海参和鸽蛋）、雪积银钟（雪耳鲜菇）、踏雪寻梅（鸭掌和雪耳）、佛祖寻母（带子炒鲜菇）、雀度金桥（炖白鸽料鸭冬菇）、绿柳垂丝（炒山瑞裙边丝）等。比较曲折一点的，有松江艳迹（即雀卤汁鲈鱼，因为鲈鱼以上海松江之鲈最为有名，因以此代称；卤汁鲜艳，故有艳迹之称）；琴鱼影凤，是为鲍鱼焖鸡（鲍鱼底面均刻有横直花纹，形状如琴），为鲍鱼焖鸡起如此有琴风月影的名字，可谓大俗至雅。又有一些美而尚不知其所然的菜名，比如霸王夜宴、浮云涌月、碧玉怀梅，闻之让人浮想联翩。还有按不同季节时令的风物和意象起名的，春有牡丹酥、紫燕穿花、杏林窥春、桃花缀锦、柳眼微青；夏有樱桃节届、白云晚望、荷叶迎风、露盈仙掌、枣杏方新；秋有仙露明珠、银河泻影、蓉开南脯、菊满东篱、仙女躬月；冬有平沙落语、寒窗点雪、雪冷鱼轩、阳回天上等。[46, 47]

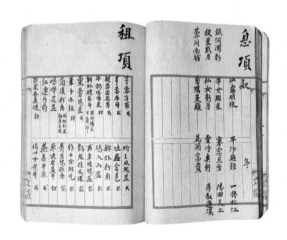

民国《分类部》菜谱中记载的部分菜名，十分雅致
46

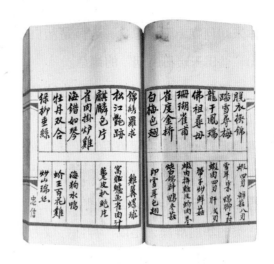

《菜色编谱巧制菜品·酒菜斤两》
中记载的部分菜名，诗意盎然
胡金盛撮订
民国
47

## 大雅与大俗兼具

旧时有一个传统：一道菜式的命名，要由创作的厨师来操刀。其文化水平和审美的高低，直接体现在菜名是高雅还是俚俗。以"消失的名菜"第一季的重头菜式江南百花鸡为例，江南烟雨醉百花，乍听之下，此菜似乎是江浙菜，实际却是地地道道的粤菜。当时的文园坐落于富商云集的西关一带，主打文质彬彬的儒雅韵味，楼内酸枝家具、文房四宝、名家书画琳琅满目；楼外设计成花园式庭院，水池内外遍植菊荷，池心建有曲桥相通的雅致亭榭，亭中宴饮，夏日风荷，秋日醉菊，无比风雅别致，引来儒商文人竞相倾倒，其名也直呼作"文园"。而该酒家名噪一时的招牌菜，名字自然也风雅异常，加上菜式也确实有花瓣散落于表面，有江南诗意之美，此名可谓两相其妙，雅致得当。又如菠萝浴日，与宋代以来的羊城胜景同音，实则为鲜奶炖蛋，中间一个咸蛋黄充当太阳，周遭以菠萝围绕装点之，一语双关。还有蓝田玉酥，具体未知何物，顾名思义，大概是洁白如玉的一种酥饼，取自李义山"蓝田玉暖日生烟"的诗意。

那俗者又如何呢？以"消失的名菜"第一季的正毛尾笋炖神仙鸭为例。正毛尾笋非某笋之品种，"正"实乃"好"之粤语，直言此菜所用的毛尾笋品质上佳。而"神仙"何意？"神仙"是凡人能想象到的最高妙的境界。（见前插页图Ⅴ）以前的菜名需有七字、五字，最少也要四字，需为菜式赋予相应的描述、修辞之类的华丽辞藻，是以"神仙"成为文化水平不高的厨师对于美味夸张而朴素的表达，类似的菜名还有"神仙鱼""神仙鸭"等记载，不一而足。[48]

---

48 《制时菜食品法则》中记载民国『神仙鱼』的烹饪方法

## 令人捧腹的错别字

这些富有粤地特色的菜名在数百年厨火烟光中代代相传。和许多中国传统技艺一样，庖厨也是一个依赖师徒心口相传的行业，许多技艺秘而不宣，哪怕宣之也只可意会，不可言传。历代流传下来的厨间记载，多出自好吃善吃的文人雅士之手，比如南朝宋虞悰《食珍录》、北宋陶谷《清异录》、隋代谢讽《食经》、南宋林洪《山家清供》、元代忽思慧《饮膳正要》、清代袁枚《随园食单》等。要厨师将自己生平所学记录下来，可谓难之又难，一是自古以来厨子社会地位不高，文化水平有限；二是讲究口口相传，鲜需文字记录。广州博物馆寻到的一批民国菜谱，多是由民国老师傅有心搜集、总结、撮要、删减而成的汇编；而菜单则是由民国茶楼、酒楼写菜的"师爷"手书，或由纸店承印的。细读这些难得的、别具粤地特点的珍贵文献资料，惊叹于时人书法兼取法帖笔势与江湖况味之雅正、以诗赋雅言与典故起菜名之佳妙，不时还能遇到令人捧腹的别字谬称，意趣横生。菜单不只是文物藏品，也是一幅幅书艺尺牍，还能从纸面的细节处一窥百年前广州城市生活的丰富细节。（见前插页图Ⅰ、图Ⅱ）

首先是闻音生义，直接就用同音字替代。比如"合（核）桃焗虾筒""腊味萝白（卜）糕""文丝（思）豆腐""山渣（楂）杏露""五柳石班（斑）""会（烩）面""蟹汁石办（斑）""蒸羔（糕）蟹""炒寻（鲟）龙片""北菇扒豆付（腐）""毫（蚝）油腊肠卷""百花让（酿）北菇""百花煎雀甫（脯）""红（鸿）图大面""菜远（软）田鸡饭""蒜子尧（瑶）柱""苏（酥）炸鸡肉"等。[49] 其次是利用同音简化字，这种字的对应一般比较固定，一直到现在都比较典型，比如将"餐"写作"歺"，"蛋"写作"旦"，"黄"写作"王"，"䐃"写作"利"等，比如"旦（蛋）王（黄）酥挞""旦（蛋）糕""松化旦（蛋）黄挞""咀利（䐃）"。还有一种简笔别字，在粤式餐饮代表性菜式"叉烧"上出现最多，在不同菜单上都被印作或者写作"义烧"，"叉"字少却顶头一横，这是否为当时印刷工艺或书写习惯影响的结果不得而知。其他还有一些让人摸不着头脑的别字，比如"蚝油叉烧饱（包）""奶皮莲蓉饱（包）"，"饱""包"的粤语读音音调差异比较明显，何以会混为一谈，还是并非个例？还有"蚝油办（拌）面"，"办""拌"粤语读音迥异，倒是普通话是同音，而且广州人一般称"拌"为"捞"，同理还有"萨骑（其）马"，大概写此菜名者非粤地之人。

49
《菜色编谱巧制菜品·酒菜斤两》所见「苏（酥）炸鸡肉」、「义（叉）烧」等别字举例
胡金盛撒订
民国

# 老广也造词

广州开埠早，明清时期就跟老外打交道，清末第一批庚子赔款留学幼童中，广东人就占了多数，后来又有大批沿海地区的男丁出洋务工，粤语中逐渐增加了许多来自英语的词汇，餐饮界也不例外，直接产生了许多从英文音译过来的"生造词"。如果说我们中文的化学元素周期表中的金属元素，是"金字旁"加同音字形成的，那么老广菜单中的许多名词，则是"口字旁"加同音字。不熟悉广州地区俚俗语言的人乍一看，压根摸不着头脑。比如"鲜奶遮（啫）哩"是何物？其实"遮（啫）哩"就是果冻"jelly"的粤语音译；又有"吭哩啋旦挞"，"吭哩啋"和"挞"分别是香草"vanilla"和馅饼"tart"的音译；又有"忌廉花旦糕"，忌廉即奶油"cream"；"哩子奶布甸"，"哩子奶"未知何意，估计也是外来词汇，"布甸"即布丁"pudding"；"凤凰椰丝戟"，"戟"即煎饼"pancake"音译"班戟"的略称；"咖喱炆子鸡"，"咖喱"即"curry"的音译，十分有趣，能体现粤菜，尤其是点心充分运用西式食材、烹饪技法和工具的特点。这是粤菜兼收并蓄、中西并举的实证，也是民国时期广州西化程度较高的一种体现。

一张张写满奇珍异材的菜单，一个个饱含风花雪月的诗意、历史典故和美好生活愿景的菜名，点缀在餐头桌尾和人们点单的声声热切之中，似乎可以让人们从锅碗瓢盆的人间烟火中平地飞升，获得一些超越世俗生活的祝福、憧憬和期盼。

# 寻味

## 从纸面到餐桌

为了抢救和保存大量已经濒临消亡的民国广州饮食习俗和文化，引领今天广州饮食界寻根问祖，我们从收藏在博物馆里的菜单和菜谱出发，开启了一段从纸面到餐桌的寻味之旅。

# 寻找消失的粤味

在南来北往的商旅行客口口相传之间，在古今中外烹调技法和口味的融会贯通之中，在开放包容和适者生存的竞争心态作用之下，"食在广州"的"美誉"在清末民初逐渐打响，茶楼和酒楼如雨后春笋，茶室异军突起；带外洋风味的西餐馆、冰室各自争艳，饭店和大肴馆人声鼎沸；街边走鬼档，依然在市井喧嚣之中悠然叫卖。历经二十多年的迅速发展，广州的餐饮业在 20 世纪 30 年代达到顶峰，打造成响当当的金漆招牌。后人称其时"咩都有得食，几时都有得食，边度都有得食"（粤语，什么都有得吃，什么时候都有得吃，哪里都有得吃），成就了一段风流华彩的民国广州食事。

百年前的烟尘已远，一座座餐饮食肆兴衰起伏，民国食林许多有口皆碑的名菜、名品慢慢从市场上消失。活色生香、"五滋六味"的鲜活佳肴，逐渐变成泛黄菜单和菜谱上凝固的文字，今人读之似懂非懂，知其然而不知其所以然。本章从老菜单和老菜谱的还原与重塑出发，开启一段从纸面到餐桌的寻味之旅。在旅途开启之前，也许我们会好奇，是什么原因，让这些民国的味道像是封存在琥珀中的昆虫标本，静止在时光的长河里呢？

经常会听到老人家念叨，现在的菜都吃不出以前的味道了。这固然是追忆往昔、厚古薄今的感触，但也并非毫无根据。在粤菜老行尊看来，随着时代更迭和社会发展，今天的原材料品质、烹饪技法、出品标准等方面都与民国时期甚至广州解放初有所差距。尽管今天流行的许多菜品，也流淌着往昔的基因，带有当时的痕迹，但昔日原汁原味的传统菜式和味道，很多终究还是难以寻觅。

首先，市场风向和百姓口味的变化。餐饮业是一个市场敏感度非常高的行业，"食在广州"的招牌在大江南北、大洋彼岸打响，终究是"市场认可，客人满意"的结果。随着时代的更替，食品工业的发达，引发人们对味道和食物观念的嬗变，即便是皇家满汉全席摆在今人面前，也不一定符合口味；现代交通运输网络发达，天南海北的珍异食材皆可一键到达，口味的分化和差异愈加扩大；加之人口结构的变化和人员的迁徙流动，让一座城市的口味更趋复杂多元，市场的趋势日渐年轻化、健康化、"网红化"。尤其近半个世纪以来，广州人口从 20 世纪 50 年代的三四百万人口，跃升至 2022 年的超过 1800 万人，剧烈的人口扩张和城市格局的更新塑造，促使传统粤菜也根据市场应时而变，一些不适应今天的特质逐渐被淘汰，比如高糖高油高脂、好吃野味等。

其次，市场经济观念的冲击。传统粤菜讲究绣花功夫和匠心精神，追求手工性和完整的制作过程，比如起全鸡皮的刀工，技艺相当复杂考究，因而逐渐在这二三十年间讲究效率至上的行业内备受冷落，许多类似的繁复技法技艺也是如此。工业时代，机器和流水线生产方式代替了大量人力劳动，对于不少餐馆来说，也许从原料和备菜的阶段就开始由机器代劳，许多讲求口感、质地、功夫的传统菜式，做出来的味道、效果和出品标准自然难以企及当年。

除此以外，还有师徒弟子口授心传的传承模式相对封闭。自古以来，为了保证烹饪秘技的特异性和保密性，传统的餐饮业多采取口口相传的模式，十分依赖代际接续，缺乏纸本手书的记载流传，形成了一个相对封闭的习艺圈子。一旦师徒相继的链条断裂，比如后继无人，徒弟没有能力承袭衣钵，或是时局动荡，市场乏力不振，人才流散迁转，许多烹饪技艺、手法和秘诀就会消亡。

最后是原材料的差异。在老师傅看来，因为环境、饲养方式和经营手法的改变，今天的鸡鸭鱼肉和四五十年前他们入行时相比都大为不同，更何况民国菜系。比如鸡，今天哪怕是满山放养的农家土鸡，用传统的做法都做不出当时的味道，因为鸡的皮、皮下脂肪、肉感等，统统发生了质的改变。又比如蛋，用今天的蛋做"黄埔炒蛋"这道传统粤菜，怎么都炒不出风韵，哪怕农家土鸡蛋，蛋黄的色香和蛋白的稠度都达不到传统要求——当时的蛋黄是金红色的，今天的蛋黄色淡，即使用饲料使之金黄，也缺乏醇香之味；好蛋黄用牙签戳下去不歪不散，而今天很多一碰就搅烂了。再如虾胶，从前用真正的西北江淡水河虾手工剥开捶打而成，胶质爽滑没有泥味，但随着河道运输的繁忙，自然生态的改变，使得这样的虾仁再难得到，冷藏的咸水虾仁，是没有办法与当年相提并论的。

## "消失的名菜"项目诞生记

在各种因素的叠加下，那些昔日辉煌的菜式、那些记忆中的味道，逐渐离现代人的餐桌远去。岁月流逝，唯文物恒久。一批从清末民初到20世纪70年代的菜单、菜谱，有陆羽居、新华酒家、华南酒家、广东酒店、中华茶室等民国早期本地著名食肆，还有《糖饴制造法》《菜色编谱巧制菜品》《美味求真》《美味清香》《各种品食类制法》《分类部》等菜谱，还可以让今人一窥民国粤菜的历史印迹。为了抢救和保存大量已经濒临消亡的民国广州饮食习俗和文化，引领今天广州饮食界寻根问宗，广州博物馆的研究人员深入研究和探佚，不但挖掘了民国名菜、点心和月饼等的详细制法和诀窍，而且从中初探了粤菜源远流长的发展历史：清末民初，现代意义的粤菜逐渐形成，粤菜的基本特点，民国粤菜的价格、制式、规制、仪程，民国广州餐饮业的基本业态等学术命题都可以从民国菜单、菜谱等文物中反映出来。

从时间的维度看，这些民国菜单、菜谱记载的菜式，并不是距离今天太远的事物，许多粤菜行尊的老师都是亲历者。加上1949年以后还有大量的口述材料、前人汇总可资借鉴，还原起来具有较大的可能性。不过要让纸面的菜品真正"活起来"，焕发生生不息的活力，单靠博物馆的研究仍显不够，还必须借助专业的餐饮团队的力量。

其实，博物馆与餐饮行业跨界合作，早有不少先例，有些餐饮企业直接利用博物馆文物、馆址建筑外形或是logo等元素做成模具，制作雪条、蛋糕、饼干等食品文创，这类转化形式停留于表面，对文博内涵的挖掘相对不足；又或者根据出土食材、调味料，臆想古人烹饪技法而"还原"出菜式，由于缺乏古籍记述，或者年代过久，无据可考，有自行"搭配创造"的嫌疑。因此，广州博物馆在选择此次寻味之旅的搭档时，慎之又慎。

与广州博物馆一路之隔的流花路上，坐落着一间以创新精神著称且非常有情怀的本土著名国企——中国大酒店，是广州开启改革开放征程的推动者和地标。近40年来，中国大酒店见证着粤菜的不断演变，在餐饮文化的发展和推广上一步一个脚印，推动粤菜传承历久常新。一次机缘下，广州博物馆副馆长朱晓秋与中国大酒店饮食部总监张艳玉交流时，表达了"复原一批馆藏老菜单中的名菜"的想法，希望中国大酒店与广州博物馆一起承担老菜谱、老菜单的还原及重塑工作。岭南商旅集团、中国大酒店管理层十分看重此次合作契机，珍惜与广州博物馆的合作之缘，双方仔细敲定了重现粤菜经典的想法及实施方案，充分收集了各方意见，经过讨论与协商，中国大酒店决定利用广州博物馆现有研究成果，以酒店中餐行政总厨徐锦辉师傅、点心部主管苏锦辉师傅领衔的厨师团队，共同打造"消失的名菜"项目，从民国老菜谱及老菜单中打捞、挖掘、还原与重塑一批民国粤菜、点心和月饼，从菜品的技艺技法、原材料、用餐器具、筵席规制仪程等方面着手，试图重现岭南人家团圆欢乐的"和味浓情"。

徐锦辉和苏锦辉两位厨师各有所长、交相辉映。徐锦辉是中国烹饪大师、中国烹饪协会名厨委员会委员、广东十大厨神、广州青年粤菜文化宣传大使。自1987年从厨至今，曾获全国烹饪大赛金奖、中华金厨奖等荣誉。他自小生活在广州西关地区，对粤菜有着深入的了解和深厚的情感，从2013年开始，就着手研究传统粤菜，推出以"寻找消失的粤菜味道"为主题的美食宴，在广东省、广州市政府的外事接待宴会、海峡两岸经贸论坛、"读懂中国"国际会议（广州）等多个重要活动中亮相，成为展示粤菜文化的重要载体，受到出席活动嘉宾的高度赞赏。

苏锦辉是粤式点心的行家，曾荣获"中国烹饪大师"等称号，拥有40年的点心制作经验，深谙中式糕点的各个领域，坚持使用全手工制作，诠释粤式点心的极致。曾跟随"点心状元"徐丽卿学习深造，继承发扬传统粤式点心的精华神髓。

## 还原与研发之路

"既惊喜，又兴奋，又心惊"，这是主创团队看到老菜单时的第一反应。惊喜、兴奋，是因为有机会复原老菜式、推广粤菜文化的责任感和荣誉感。心惊，则是由于缺乏相关历史印证，对能否复原消失的名菜心怀忐忑。首先，他们发现，菜单、菜谱记述的每道菜多只有一个菜名，就算描述配料、做法也只是寥寥数笔。其次，受限于时代，当年的厨师和撰写菜单的"师爷"文化水平往往不高，别字、错字、误字频出，加之双方沟通不免有出入，不一定表达描述得非常准确。而且老菜单、老菜谱还有不少使用了广州话的俗语、俚语，很多语言习惯已经消失，今人在理解上会有困难。再次，以前使用的食材原料，如某些特定产地的菌类，已难寻踪迹；蛇之类的野生动物用作食材，也与今天的公序良俗和法律法规相违背；此外，在烹饪技法、口味、包装手法、摆盘等问题上，是保留"原汁原味"，还是根据当代人的喜好进行调整，都需要厨师团队逐一研究解决。

经过第一轮通读研究，团队发现有些菜品的名字似曾相识，是自家师傅在授艺过程中提及甚至演示过的，这些熟悉的或有把握的菜式被勾选出来；凭借经验和感觉，将看名字就能猜到几分的菜品也列入备选；最后将完全不知其所以然的菜品列为一类。广州博物馆与中国大酒店厨师团队通过广泛搜罗历史文献、挖掘菜品背后典故、聆听粤菜泰斗行尊口述访谈、精读老前辈借给团队的典籍文献，如《饮和食德》、许衡先生的粤菜经典著作《粤菜传真》《入厨三十年》等，尽可能地摸清名菜的具体做法，最终确定需要呈现的菜品系列。

针对每一道菜的创制，厨师团队先参照书本技法再慢慢摸索制作过程，经过反复讨论和试验，直到成型，再向老师傅完整地演示一遍，请老师傅品尝、点评，该改进的改进，该推倒重来便推倒重来。菜品成型后，厨师团队数次召集品鉴会，对菜式的呈现、包装和摆盘等细节加以改进。其间新老两代厨师之间发生了奇妙的化学反应：后辈的演绎唤醒了老师傅当年更多的细节回忆，离"消失的"技艺更近了一步，也丰富了传统粤菜史料。原来，前辈在讲授技艺和品评菜式的时候，后辈也同样启发着他们。在那平常、安静的日子里，不止于"口授心传"传统范式，新老之间的技艺传承在中国大酒店厨房缭绕的蒸汽中、锅碗瓢盆的交响里发生并升华。[50]

二水果：水马蹄，水菱角

二糖果：糖椰角，姜汁噌噌糖

二京果：蜜钱果铺，甘草榄

二生果：沙田柚、甜黄皮　　化核枇杷.

四冷荤：

陈皮鸭掌（新华大酒店）+陈皮丹.

金陵酥芋角（华南酒家）花生.

锦卤云吞　　布抹白焜卖汁鱼皮花生.

五香牛肉　　西班牛春豆十焗油焜腰卷

四热荤：

西施蟹肉盒（华南酒家）

煎酿明虾扇拼芙蓉虾薄饼　（陆羽居）

鸡子戈渣

菊花石榴鸡　烧鹅雌翼

三丝扒绍菜（陆羽居）

酿排骨

百花煎酿雀脯（陆羽居）

雪花鸡片（大金龙酒家）螺片芋鸡片合炒（食经上卷十五页）瓦焜金钱肪

竹笙扒鸽蛋（大同酒家）（食经上卷十五页）

合浦珠还（食经上卷九九页）鲜虾片包炸核桃肉，肥肉粒卷成球上蛋白生粉炸.伴鸡子戈渣

金银玉柱

## 幸甚至哉　五星汇聚

　　除了博物馆对菜单的基础梳理和研究以及厨师团队对菜式的实践以外，五位粤菜泰斗、餐饮界权威也因为"消失的名菜"项目而相聚，他们也深度参与到项目的研发和创作过程之中。他们分别是粤式点心大师陈勋先生、中国烹饪学院院长黎永泰先生、中国粤菜烹饪大师梁灿然先生、十大中华名厨林壤明先生和点心女状元徐丽卿女士。他们都是粤菜界的重量级大师，尤其是当时已经98岁的陈勋先生。然而，让人悲伤的是，老先生在参与完第一季的创作之后便溘然仙逝。让人觉得庆幸的是，我们抓住了最后的时间和机会，在老先生身畔聆听他讲授传统粤菜的掌故和技巧。他有问必答、倾囊相助的热忱，让大家十分感动。[51]

　　广州点心界流传着"西有罗坤，北有陈勋"的说法。陈勋被业内推为"粤点泰斗""一代宗师"，广州人亲切地称其为"勋叔"。2018年，陈勋老先生携弟子登上《舌尖上的中国3》，展示了"玉液叉烧包"的制作工艺，令人印象深刻。陈老接受采访时，年虽近百，但声音浑厚，头脑清晰，反应极快，无论厨师团队拿着菜单上的什么点心向他提问，

51　陈勋（左二）正在讲述民国时期粤菜的发展情况，徐丽卿（右二）翻找老菜单中曾经做过的菜品，徐锦辉（左一）和苏锦辉（右一）认真聆听记录，这是粤菜餐饮行业新老两代人理念交流的珍贵影像

他都可以准确地将做法娓娓道来,几乎不需要多少思考时间,每个点心的做法早已经深深刻入他的脑海;有时团队询问表述不清,只道出片言只字,他也可以立刻反应并准确做出指导。

勋叔在采访中将技艺掌故和人生道理一并传授给后辈:酿馅、干蒸馅、百花馅、鱼胶馅分别是怎么制作的,当时做点心的盏形有海棠、菊花、榄核、西洋蛋糕、金银蛋糕等,琳琅满目;民国筵席中,高档器具用锡器,抗战后用银器,解放后用瓷器,现在则用金器;"点心佬,懂得运用东西,没有浪费东西的,要物尽其用,(懂得)怎么利用它",道出了粤菜文化的精髓。这样一位老先生,一位粤菜泰斗,口头禅居然是"只是我理解""我当时是这样做的""我的理解是这样的",意思是他已将自己的经验和盘托出,但仅为一家之言,可见其谦虚而内敛、严谨而慎重的作风。[52,53]

"学术派"的黎永泰和梁灿然先生,教书育人,为厨坛输送了大量人才。黎永泰先生深耕广州餐饮业数十载,是中国烹饪大师、中国烹饪协会名厨委员、世界国家职业技能竞赛裁判员,任职过各大烹饪学校,被称为"粤菜教头""黎校长"。他烹饪学养深厚,谈吐有致,经他点拨后,厨师往往能豁然开朗。他将珍藏的古籍分享给厨师团队参考。

梁灿然是原广州市旅游学校高级教师,特一级厨师,师从许衡、梁应、黎和等粤菜大师,从 1993 年开始至 2012 年都担纲广州美食节的评委,他擅用简洁清晰的语言描述粤菜的特点,点评菜式切中肯綮令人茅塞顿开。厨师团队赞其"见多识广"。

另两位是"实践派"。林壤明,广州市泮溪酒家行政总厨,中式烹调技师,曾荣获"中国烹饪大师"称号。一毕业就进入当时全国最大的园林酒家泮溪酒家,多次作为中国烹饪代表团成员参加国际大赛，曾接待众多中外领导人和名人。他创制了名菜"雕刻冬瓜盅"，还首推"顾客点制法"，要求厨师做到"菜谱上没有的菜，只要顾客提出来，就要满足客人的需要"。他言谈爽利，对食材、就餐环境十分敏感。

"点心女状元"徐丽卿，广州市大同酒家特一级点心师。1988年5月，她作为广东省唯一女选手参加全国第二届烹饪大赛，所创作的3款点心均获奖牌，其中"银鱼戏春水"获金牌，"宝鸭穿彩莲"和"荔浦香芋角"获银牌。1990年在卢森堡参加第六届世界烹饪杯大赛，获面点个人赛银牌两枚。她还多次前往比利时、

52 陈勋先生98岁仍亲临现场，指导厨师团队还原「消失的名菜」

53 陈勋先生年轻时在北园酒家工作的照片

美国、日本、韩国等国家和港澳、北京、上海等地表演、授课和交流，为中国烹饪和广式点心的发展做出贡献。[54]

54
黎永泰、梁灿然、林壤明、徐丽卿（从上至下）

# 民国老筵今新作
## ——"消失的名菜"第一季

民国时期的粤菜名席，源自清代的满汉全席，百年前曾是广州市民生活中一抹奢华的亮色。广州博物馆馆藏的一张陆羽居菜单上，蟹蓉燕窝、花胶鸡丝、南华双鸽、炒芙蓉虾、正毛尾笋炖神仙鸭、夜合鸡肝雀片、片皮乳猪、蟹汁石斑、燕窝白鸽蛋……色色菜品，食材华丽，称谓雅致；五大碗、四小碗、二冷荤、点心一度；六大碗、四七寸、四热荤、点心一度；十大件、四热荤、点心一度、伊面九寸……制式完备，引人瞩目。

民国时期广州，高档筵席集中体现了粤菜烹饪技艺和食材运用的最高水平，其菜式次序、规制仪程、歌舞宴乐等，对日后的粤式筵席制式有着深远影响，起着蓝本和示范作用，也充分展现了粤菜海陆共融、南北一炉的性格。因此广州博物馆、中国大酒店厨师团队与粤菜泰斗行尊商定，2020年"消失的名菜"第一季从筵席制式入手，重现民国粤筵风采，名曰"粤席雅宴"。根据粤菜名籍、泰斗口述、现有研究资料，摸清每项制式的内涵，选定每项制式的菜式，融入现代烹饪技法进行创新，形成一张古今融汇的粤筵菜单，让百年前的民国旧筵在今天焕发新颜。

果脯兩樣
生果兩樣

# 二京果，二生果，餐前小碟滋味甜

京果，是民国粤式筵席常见的开胃果点，源自满汉全席，即我们今天的果脯蜜饯。明代女真人的族地"建州老营"曾是著名的蜂蜜产地，满人用蜂蜜制作甜食的习惯由来已久，盛京（今沈阳）大内宫中就专门设有"熬蜜房"，这种风俗随清人入关后蔚然成风。乾隆皇帝就嗜食水果，地方官员投其所好，大肆进贡。当时由于条件所限，大宗水果无法长期保鲜，蜜渍是最好的贮存方法，而口味又别具一格，有鲜果达不到的风味，上行下效，促成了北京商肆"果子局"和"果子铺"的兴起，时人习称之为"京果"。此外，筵席中还搭配有"生果"，指的是可以生食的鲜果，概念与今天所说的"水果"近似，当日之"水果"反而另指他物，后文再述。

筵席正式开始前，宾客品茶交谈之间，京果和生果先摆上席来，精致小碟呈上，京果会选择提子干、南枣核桃、桂圆干、蜜饯淮山、柿饼、人面子等；生果有苹果、甜橙、荔枝、沙田柚等，搭配随时令而变化。"粤席雅宴"选用了夏秋两季常用的杏脯肉和金橘两款生津止渴的蜜饯各四两，加以青提子和冬枣两款清新生果，组成"二京果""二生果"的制式，用清甜味道和爽脆口感唤醒味蕾。

　　除了"京果""生果"以外，满汉全席中的餐前果点，还包括
"酸果"，即醋渍的果子，如酸沙梨、酸荞头、酸子姜、酸青梅；
"水果"，含义与今天的水果不同，指的是水生的果子，如马蹄、
莲藕、菱角等；"看果"，即用以席间观赏、营造氛围的观赏果子，
一般用木瓜、沙葛之类质地较硬的果子，雕刻成各类生果的形象，
技艺高超者几乎可以以假乱真，如像生香蕉、像生雪梨、像生四季
橘、像生潮州柑等。为了便于推向市场，适应今人的生活节奏，"粤
席雅宴"将类似制式进行了简化和减省。

凉酒牛肉
平屋醉西峡

鸽丝
烧金银闹

# 四冷荤，冷盘拼攒实相宜

"二京果""二生果"呈上以后，便是传统筵席中的"宴中首式"——"冷荤"。冷荤，是满汉全席中用腌、拌、炝、熏、卤、酱、冻、渍、醉等烹饪方式制成的荤类冷食。清朝的皇帝喜欢吃"攒盘"，比如乾隆时有"苏造鸡、苏造肉、苏造肘子攒盘"，即用苏式酱鸡、酱肉、酱肘子码成的冷拼。孔府菜则称其为"冷盘""围碟"。冷荤以"杂嚼"或"散食"之态，最终跻身餐中的冷碟正馔，是中国传统食俗的重要演进，并逐渐发展成一套专门的烹饪体系，甚至还升华出"先冷后热"的饮食理律，这也使冷荤成了首式定格。

"粤席雅宴"选择了烧金银润、鸡丝拉皮、千层鲈鱼块和汾酒牛肉组成筵席中"四冷荤"的制式。烧金银润和汾酒牛肉为民国时期广州传统老店新华酒家的拿手名菜。金银润是广式腊味中的一种，是广东城乡家庭在春节前后赶制的腊制品。"腊"是一种历史悠久的可以追溯到商周时期的肉类食物处理方法，是指把肉类以盐或酱腌渍后再风干。农历十二月又称为"腊月"，因为天气寒冷且干燥，肉类不易变质且蚊虫不多，适合制腊味。原则上一切肉类都可以腊，但普通猪肝做腌腊不好吃，老广琢磨出金银润（粤语，猪肝为猪润）的做法。先把猪肝切成条状，再往中间灌入优质肥肉，腊制而成后，外表金黄，内在银白，故有"金银"之称；猪肝甘香，肥肉入口即化，吃起来肥而不腻；外观晶莹剔透，也有"金银皆多"和"丰润"的吉祥含义。金银润的制作很考手艺，一般人做不出来，只有高档饭店才有这道菜，所以逐渐从市面上消失。

汾酒牛肉的制作有两个传说。第一个传说是江浙有个大户人家的厨师腌制牛腱的时候，发现食盐所剩无几。他想起屋外有块石头经常渗出一些盐花，所以刮了一些回来，连同汾酒一起将牛腱腌好。无奈此时主人召唤他另排筵席招待客人，厨师只好将牛腱挂于井中以保鲜。几天的筵席办完，厨师预料井中牛腱定然变质，出乎意料的是，牛腱非但没有变味，煮熟之后，更是散发出阵阵肉香，呈现出酱红色。厨师百思不得其解，这时一名道家弟子经过，知道事情始末后，向他娓娓道出其中因由：原来从石头上刮下来的不是盐，而是火硝（主要成分是硝酸钾），牛肉之所以数天不腐败，能保鲜、赋香、赋色，皆源于此。道家有炼丹服药的传统，故其知当中玄机。从此，火硝便在江浙一带广为应用。第二个传说是慈禧太后吃腻了山珍海味，让太监养了几头牛，只喂粗饲料和酒，喝了酒还不让它睡，要太监拿着鞭子赶着牛满山坡奔跑，杀了牛后，就吃牛小腿的肌肉。杭州红泥花园的厨师听说后，用此种方法饲养的牛创制出一道杭州风味菜。两个传说不约而同都与江浙有关，显见此菜必然为江浙风味，是清末民初粤菜受江浙影响的一个侧影。第一个传说更为写实，应当为熟于庖事之人所作，细细列出了汾酒牛肉先腌后煮再切片的过程，第二个更似附会之说。

鸡丝拉皮和千层鲈鱼块本是点心，在"粤席雅宴"中则充任冷荤，是粤菜"厨为点，点为厨"的体现。据陈勋先生回忆，鸡丝拉皮是一个凉点，如今已经很少做了，往日他们制作时，需用纯正马蹄粉开浆制皮，甜咸味都无所谓，甜的就下糖，咸的就下盐、味精或其他调料。将鸡丝、冬菇丝、笋丝切好煮熟，以马蹄粉皮一卷即可。千层鲈鱼块是来自陆羽居老菜单中的"名贵美点"，亦是"四冷荤"中制法最为复杂、口感最为细腻的得意之作。徐丽卿师傅在 20 世纪六七十年代曾跟随老师傅做过，该点心采用猪油起酥制成传统广式酥皮，并吸收了西餐做法，加入牛油一并起酥，使酥皮颜色更为突出，味道更加香浓。所谓千层酥皮，是将面皮不断捶打之后重合折叠，最终成品折叠出 60 层左右酥皮。陈勋先生指点窍门，酥皮的一头一尾没有那么起发，可以充做底皮，再放鲈鱼：鲈鱼改刀成厚一点的片再腌，就更加入味，另可搭配火腿。千层鲈鱼块成品分为五层，分别为酥皮、冰肉、火腿、鲈鱼、榄仁，口感丰富多元，还与广州博物馆主馆址镇海楼的层数不谋而合，更别具深意。

1

2

### 明酥：千层鲈鱼块　制作方法

*

油皮用料：低筋面粉 700g、薯粉 400g、猪油 500g、牛油 500g

水皮用料：低筋面粉 1000g、猪油 500g、清水 700g

馅料：鲈鱼、火腿、冰肉、榄仁、面粉、牛油、猪油、鸡蛋

*

① 切片：鲈鱼、火腿、冰肉、榄仁切成片。

② 开粉：按油皮和水皮的用料比例，面粉、牛油、猪油、鸡蛋拌匀
　　　分别制成油皮和水皮的面团，放入冰箱冷冻待用。

③ 开皮：油皮和水皮擀成薄皮，两皮覆叠后再反复以 3/3/4 折叠
　　　擀薄成层次分明的面皮，并切成片状待用。

④ 烘焙：片状的面皮放在烘盘上，中间放鲈鱼、火腿、冰肉和榄仁，
　　　上面再放一层面皮，扫上鸡蛋液。放入烘炉，烘熟至金黄色即可。

3

# 四热荤，讲手势，还看它

冷荤过后，热荤续之。热荤，是指将食材用去骨、切件、切粒等技法处理后再炒炸而成的荤类热食，是一桌筵席中的精华所在，最彰显厨师的手艺水平。如前文所述，清末民初粤式筵席的形成，受官宦名士之家的家厨影响颇深，家宴在广府人家十分兴盛，有名的大厨需要在各家之间"赶场"——刚在张家做完午宴，就得赶到王府制作晚宴——甚至因为晚宴的规格更高，对名厨的需求更旺，有时会出现一个师傅需要赶两场晚宴的情况。虽然要节约时间，但师傅在赶去下一家之前还是要亲手完成几道热荤，因为它最讲究爆炒煎炸的镬气，最讲手艺，一定要大厨亲自操刀，后面的硬菜虽然名贵，但制作程序相对固定可控，由帮厨等负责完成即可。陈勋先生盛赞，热荤是筵席当中最精致的制式。

拿出自己的招牌之作——"搣手小炒"，是粤菜师傅做好服务、打响口碑的秘诀。在各类服务人员追求"无声服务"的同时，名厨是唯一能在主客面前对答发言的。当热荤上完，大厨就会换上长衫走进厅堂，听取主客对菜式的点评，表示感谢后再离场，筵席也在此仪式后才会继续进行。"粤席雅宴"选取的是煎明虾碌、炒响螺片拼烧云腿、夜合鸡肝雀片拼脆皮珍肝夹、全节瓜作为筵席中最讲究的"四热荤"，其选料、摆盘讲求精巧，这也是老行尊品评甚多的环节。

首先是煎明虾碌。它是一道以虾为原料的菜式，必须将虾体处理得当，许多师傅都掌握了虾的处理方法，却没有注意总结，只知怎么剪，却不知为何要剪，或者处理时下错刀口，方向和顺序也不甚讲究。哪里下刀最好，最容易将脏物、内脏清理干净？在老前辈的指点下，经过反复观察、试验和改良，主创团队将传统的"剪虾七步法"总结如下：一是剪虾须，否则酱汁容易顺着虾须引流，四处滴散，入口也不雅观；二是去虾枪，其不便入口，食用时容易戳到口腔；三是挑虾脑，虾头中藏有虾胃，是重金属元素集聚之处；四是除虾线，要从第二节处挑出，此处常有砂砾，影响口感；五是去虾脚，其数量多且密集，不利于刷洗腹部；六是剪拨水，虾尾两边的"小扇子"称为"拨水"，基本无肉；七是剪"尾枪"，食用时避免戳到口腔。"剪虾七步法"体现了粤菜师傅的讲究、用心，十分注重客人的用餐体验。

将剪好的整只明虾烹饪至熟，下盐引出鲜味，再加入广府特有的传统调料——唥汁，外层滋味浓郁，内层鲜嫩弹牙。在研发过程中，梁灿然先生指出，遍翻传统粤菜书籍，传统的干煎虾碌一定是从中间切一开二的，基本不是现在这样有头有尾的；林壤明和徐丽卿先生都觉得虾体过大，大就显得粗笨，一开二又不太好看，而且有头有尾寓意更好，建议可以采用小一点的虾。黎永泰先生解释道，如果要一开二，确实要这么大的，以前做煎酿明虾，更加要用大虾。几位前辈商定用八头虾（一斤8只之意），且不开边更雅致美观。

\*

④ 除虾线：要从第二节处挑出，去除虾中藏有的脏物，且此处常有砂砾，影响口感。

① 剪虾须：不然虾须容易扎脸，酱汁也容易顺着虾须，四处滴散，入口也不雅观。

⑤ 去虾脚：其数量多且密集，不利于刷洗腹部。

② 去虾枪：其不便入口，食用时容易戳到口腔。

⑥ 剪拨水，虾尾两边的"小扇子"称为"拨水"，基本无肉。

③ 挑虾脑：虾头中藏有虾胃，是重金属元素集聚之处。

⑦ 剪"尾枪"，食用时避免戳到口腔。

第二道热荤为"炒响螺片拼烧云腿"。烧云腿的工艺目前在市面上近乎失传，勉强能够制作的酒楼做得也不理想。根据传统做法，要将金华火腿用浓冰糖水浸泡数天至糖心状态，再用浓稠蛋浆包裹，在油锅中炸至金黄脆身，这就非常考验厨师的技巧和耐心。将螺尾螺头等多余的部位切掉，保留螺之精华，用滚刀法将整只螺切开，形成相连的厚片，用高汤灼至半熟，随即快速爆炒上碟与糖心云腿相搭配。甘香浓郁的烧云腿搭配鲜美响螺，鲜美脆嫩，令人垂涎。这道菜最为强调的是保留传统粤菜的调味方式，搭配传统虾酱作为响螺片的蘸汁。

筵席食材的搭配和摆盘是非常讲究的。在研发阶段，黎永泰先生指导该菜品的摆盘，建议云腿的摆放不要完全对称，可呈大小边，作凤尾形，如折扇展开，孔雀开屏，凤尾摇曳。此外，装碟也不宜过大，云腿给出 5 两的分量即可，无须太多。火眼金睛的他用叉子叉出一条 5 厘米长的菜心，向厨师团队展示并解释道：以前出热荤，最长都是这样，不会超过这个长度，而且菜心和火腿的量要控制。梁灿然先生也补充道：十条菜心、十件火腿就够了。由此可见，热荤非常注重摆盘的精巧雅致。

　　夜合鸡肝雀片拼脆皮珍肝夹和全节瓜为最后两道热荤，体现了粤菜烹饪所秉持的物尽其用的节约理念。夜合，是夜来香和百合的合称，传统上也有夜合虾仁等名菜。此菜用鸡肉、鸡架吊出来的鸡汤浸熟鸡肝，加上煎香的鸡片和笋片，撒上清香的夜来香花瓣；用香脆的面包把卤水鸡肝和冰肉夹在一起，制成脆皮珍肝夹，并在盘边围上十个作为伴碟。在粤菜术语中，一般用两件的原料上下重叠在一起称为"贴"，三件的称为"夹"，四件则称为"锅贴"，不过实际上广州人更喜欢都叫作"千层"。这道菜式巧妙地运用了鸡的各部分入菜，包括鸡肉、鸡架、鸡肝等，充分利用，绝无浪费。而全节瓜更是如此。节瓜是最普通不过的食材，但在老师傅们看来，这道菜中节瓜才是真正的主角，如何处理节瓜才是重头戏。用简单的食材烹调出极致的美味，这是手艺功夫的最高体现。厨师需先将节瓜瓢心挖空，再酿入猪头肉、虾肉、虾米、冬菇打成的馅。为了让清淡的节瓜能和味道丰富的肉馅分庭抗礼，浸泡节瓜的汤底必须别有滋味。他们摒弃和肉馅味道相近的上汤，采用鲜浓鱼汤浸煨。这个过程最为讲究火候与时间，要让节瓜足够入味而不软烂。煨好的节瓜既有鱼鲜，又有肉之甘香，更有"节节高"的寓意。食材虽简，却展现了钻研细究的绣花功夫。

叫化烧乳猪

五柳石斑

並河館

# 陆大碗，飞禽走兽，名贵席珍

热荤之后，是汇集一桌筵席中最名贵食材的"大碗"，这是酒楼后厨的招牌，最能体现酒楼的整体水平。热荤的规格有多高，"大碗"就必须达到相近水平。"大碗"一般有肆（四）大碗、陆（六）大碗、八大碗等规格。大碗之大，在于所烹之原料，全是鲍鱼、海参、鱼翅、鱼肚、鱼、鸭、鸡等"硬核"食材。粤席雅宴秉持今天提倡的适度和节约原则，居中选择了"陆大碗"作为规制，菜式为凤凰烩鲜肚、正毛尾笋炖神仙鸭、江南百花鸡、明炉烧乳猪、五柳石斑和蒸肉蟹。

首先是浓淡汤品两式——凤凰烩鲜肚和正毛尾笋炖神仙鸭。清代文学家袁枚在《随园食单》中写道："盐者宜先，淡者宜后。浓者宜先，薄者宜后。无汤者宜先，有汤者宜后。"热荤上后，陆大碗之首为传统粤式筵席上必备的两式汤品，先浓汤，后清汤。据陈勋先生介绍，所谓浓汤，实际上是近似于用"扒"的做法烧制出来的汤菜，比如红烧翅、鸡丝翅、阿胶等，烩制后勾"糊涂芡"用汤窝上，是比较高档的宴会才有的制式。"扒"实际上是鲁菜的一种烹饪技法，以慢火细致扒熟原料，汤汁浓厚。筵席的浓汤为凤凰烩鲜肚，以煨好的银芽、菇丝、鸡丝做底，加入粤菜"四大芡"之一的全蛋芡，厨师以精准的火候和搅拌手法，让全蛋芡不起蛋花，以鸡油封面，鱼肚丝做面，再放进火腿丝，一锅浓郁而口感特别的飞禽游鱼荟萃的浓汤便能呈上。

　　清汤为正毛尾笋炖神仙鸭，出自陆羽居菜单（见前插页图Ⅴ）。这道菜式最意趣盎然的，是它让人摸不着头脑的名字——"正毛尾笋"到底是什么食材？"神仙鸭"又是怎样的烹调方法？一开始，厨师团队查阅资料、询问业界同行皆无果后，便亲身去到郊区寻访笋农，但当地笋农纷纷摇头表示不认识。再次请教老前辈，没想到被师傅拍了一下后脑勺："衰仔，'正'咪即系'靓'啰，厨房佬冇文化，咪只识写口语啰！"（粤语中，"正"和"靓"都是"好"的意思，厨师所写的菜单中经常会有口语表达。）所以"正毛尾笋"并不是一个品种，只是代表了笋干很"靓"，很好，品质上乘。至于"神仙鸭"，人道"快乐似神仙"，"神仙"极言菜式之味美也。

　　这道清汤选用整只米鸭，搭配精选肘子、火腿，用蒸馏水慢火炖三小时逼出鲜味，加入上好的毛尾笋与高汤再炖两小时，合共五小时的文火慢熬。此汤源自淮扬菜系，传入粤地以后进行了本土化改良，由原本的"煲"，变成了隔水密封的慢"炖"，更能凸显粤式汤品之"清"：密闭的炖盅锁住了水分，借助蒸汽久炖而不沸，料多而不浊，鲜味和香气成倍生成，汤色清澈如茶。区别于淮扬做法，粤式做法更突出鸭的鲜味、火腿的香味和毛笋的爽度，几者融合，使汤达到很好的效果。

　　汤品以后，"陆大碗"的重头戏江南百花鸡便登场了。20世纪20年代，广州食林文园、南园、谟觞、西园四大酒家（谟觞的地位在20世纪30年代为大三元所取代）横空出世，每家酒楼都有自己的招牌名菜，文园的江南百花鸡，南园的白灼螺片，谟觞的香滑鲈鱼球，西园的鼎湖上素，令人食而忘返，一时形成了四大酒家顺口溜，"食得是福，穿得是禄，四大酒家，人人听到身都熟"。其中，文园独创的江南百花鸡，"胜过食龙肉"，被誉为粤菜翘楚。

　　其名为鸡，但主角并不是鸡；其名为百花，事实上也与百花无关；其名为江南，似乎是江浙菜，实际上却是地地道道的粤菜。当时针对富商吃腻了鸡的胃口，文园特地创制了这种别致的品鸡之法：选用原只靓鸡项（粤语，未下蛋的雌鸡），斩下头翼后，利用高超刀工拆骨去肉，仅留用剔出的完好鸡皮，在皮上拍粉，将鲜虾肉为主的百花馅（以虾肉、蟹肉制成，因蒸制过程中色泽由白变红，形如百花盛开，故而得名）平铺在鸡皮上抹至平滑，猛火蒸熟后斩件并砌回鸡形，拼回鸡头、鸡翼。用取下的鸡骨、鸡肉吊出高汤，配成芡汁勾起上席。装盘围边时，夏末秋初用夜来香，秋末冬初则用白菊花，时令分明，有江南诗意，大概是名之曰"江南"的缘由。此菜既取了鸡的精华，又有虾的鲜味，还有花的清香，奇妙无穷，每令初尝者惊喜，常来光顾者也百吃不厌。

　　江南百花鸡是一道考验酒楼后厨绣花功夫的硬菜。首先是起皮，要求"砧板"（粤语，负责加工腌制食物）将整鸡拆骨起皮，且鸡皮须保持完好，即便是经验老到的熟手也需要10分钟以上，一般厨师要20分钟以上，如果不慎弄破，那就只能换一只鸡从头再来。其次是制馅，由"打荷"（粤语，炒菜备菜的帮厨）将虾肉拍成馅料，切忌切粒，以免影响口感，同时搭配蟹肉等，再摔打起胶。最后交由主厨入笼蒸制。蒸制时必须要猛火，不然百花胶会发"霉"（粤语，食物口感软烂不爽脆），鸡皮不嫩滑。

最初研发之时，厨师团队发现，按照普通横平竖直的手法将鸡皮固定在竹签上进行蒸制，鸡皮受热会产生收缩，覆盖不住百花馅，观感不佳。黎永泰和梁灿然师傅得知，便传授了20世纪六七十年代的串签"绝招"：首先用竹笪（粤语，用竹编成的席面）将鸡皮放平撑开，四角用竹签以45°的斜角插入固定在竹笪上定型，这样蒸制出来就不会收缩得太厉害，还能保持形状，鸡皮和虾肉可以融为一体。其次百花馅的分量也要拿捏好，最初的成品，林壤明先生认为太厚了，吃虾胶多过吃鸡，后来摸索出来的比例是一张鸡皮放十两虾胶，才能平衡鸡皮和虾肉的口感。

厨师团队的主厨徐锦辉曾经凭借此菜参加粤菜五星名厨的考核，11位中国烹饪大师对摆盘各执己见。有评委提出，虽然徐师傅采用了古法烹制，但摆盘书籍无载——究竟是鸡皮向上还是百花馅向上，最终也是由黎师傅和梁师傅拍板：还原旧时菜品，最重要的是还原古法烹制。至于摆盘，既难以考究，又需要创新以适应现代市场需求，所以一半鸡皮向上，一半百花馅向上，各取其优，最好不过。这一说法最终得到评委的一致认可，也在市场推广时得到大众的肯定。一道鸡和虾共舞的菜式，尽显广州人对精致饮食的执着追求。

*

　　炮豚之美，鱼蟹之鲜，都是岭南本地特有的山海食材，同样为"陆大碗"所不可或缺。明炉烧乳猪是一道历史非常悠久的经典粤式名菜，早在西周时期就有所记载，时称"炮豚"。在两千多年前的南越国时期，宫廷贵族就风行以烤炉烤制乳猪。经历数千年的粤菜文化演变，烤乳猪更被誉为"八珍"之一，甚至超越了美食的意义，成为粤菜标志性的文化符号。配搭传统粤式饼皮，酥脆香口的皮层包裹鲜嫩多汁的乳猪皮，肥瘦均匀，外脆内酥，香而不腻，寓意红皮赤壮。"五柳石斑"源自江浙一带，据《顺天时报》1907年12月14日的报道《记醉琼林中西饭庄二十四种大特色》说，"广东佳肴：菜肴向来总说是南方好，南方更数广东菜为最佳……又有一种鱼品，名叫西湖醋鱼，也叫五柳鱼"，也有说法是脱胎于清代福建五柳居饭店的招牌菜"五柳鱼"。"五柳鱼"其后传到北京、广州、四川等地，并衍生出不同的做法。传至广东后开始搭配本地腌菜，形成了绝妙的组合，其中的特色腌菜也因之有了"五柳菜"之名。粤菜馆很早就有以五柳鱼为招牌菜的，比如创办于19世纪末20世纪初的北京醉琼林粤菜馆的招牌菜之一就是五柳鱼。此道菜式选用一斤八两一条的海麻斑，先把鱼炸至金黄香酥后摆碟，淋上广式特色五柳料汁，口感层次丰富。

　　赏菊吟诗、持蟹斗酒，是古代文人墨客的生活情趣。螃蟹自古以来是广东人的"心头好"。在岭南地区，成熟的母蟹叫"膏蟹"，成熟的公蟹叫"肉蟹"。青蟹中，以大肉蟹最为壮硕，体大肉满，双钳威武，煮熟后呈红色，寓意鸿运当头，是筵席上的重头戏。此次筵席精选八两大肉蟹，与荷叶一并放入蒸笼，猛火蒸熟，点上大红浙醋做的蘸料，口感绵密而温润。

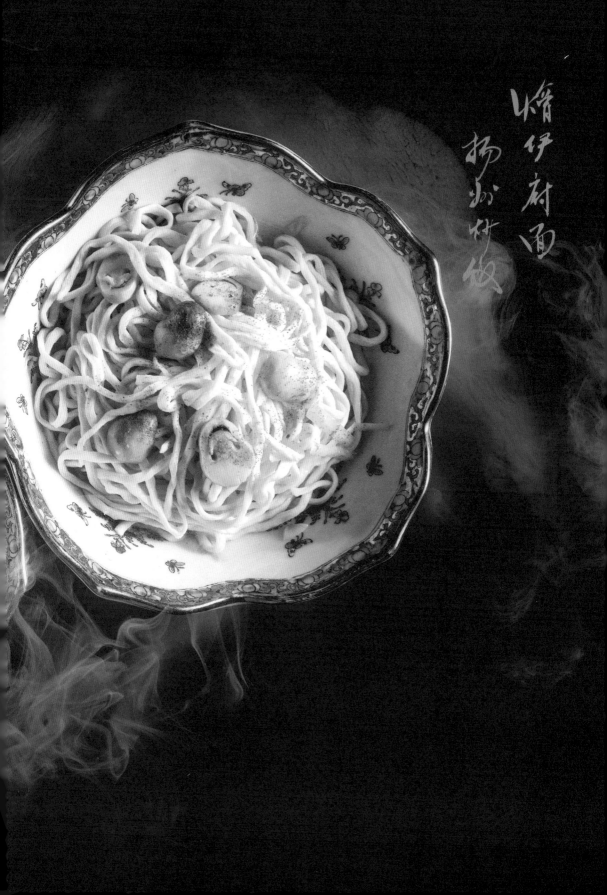

烩伊府面
扬州炒饭

# 主食九寸　稻麦至本

　　酒肉虽美，唯饭稻至本。筵席最后呈上饭面主食，是粤式筵席的传统惯例，一般以"九寸"碟子盛之。过去，广东人习惯用食具的大小表示上菜的分量，不同规格的碗碟和盛放的菜品类型、菜肉比例都是固定的，一个厨师看到器皿的大小，也就知道要做多少分量的菜，做什么样的菜，体现了粤菜业内的一种规范化，也展现了广州人精打细算的性格特点。比如净肉无配菜者用七寸碟，用肉7两；八寸碟则用肉9两。如有配菜（如菜软或笋），则七寸碟用肉4两、菜2两；八寸碟者用肉6两、菜4两。传统筵席中，热荤等多用七寸碟，即直径23厘米的碟子。主食则固定用九寸碟，即直径30厘米的碟子。此次筵席选用了烩伊府面和扬州炒饭作为主食。

　　伊府面俗称"伊面"，直到现在都是老广筵席的常客。相传清嘉庆年间，扬州知府（一说任惠州知府时）伊秉绶宴客时，厨师在忙乱中误将煮熟的蛋面放入沸油中，捞起以后只好用上汤浸泡过才端上席。谁知这种蛋面竟令宾主齐声叫好。此后人们争相仿制，备受广东官绅欢迎。随后其制法传播开来，成为极具广东特色的佳馔，因出自伊府家宴，故将它称作"伊府面"。此道蛋面爽口滑嫩有嚼劲，久煮不烂，取长为吉，在广东更是寿宴的指定菜式，寓意健康长寿。

　　吃惯广式美食的你，如果在最传统的扬州本地餐厅泰然自若地点一客扬州炒饭，周围也许会出现诧异的目光。扬州其实并没有扬州炒饭，就像兰州拉面并不是起源于兰州一样。民国期间，广州有聚香园饭店，做的是淮扬菜式。餐厅为了迎合广府人口味，将家乡的传统风味油炸饭焦（锅巴）做了改变，用鲜虾仁、叉烧、海参做材料，连汁一块倒进炸透的饭焦上，脆香诱人。油炸饭焦虽然香脆，但容易上火，不符合广东人的饮食习惯。广东厨师模仿改良，舍弃饭焦，用鲜虾仁、叉烧、海参直接炒饭，香气依旧诱人。看似淮扬菜，实为改良粤菜的一道传统名菜，充分体现了粤菜师傅兼收并蓄、博采众长的开放思想，让人直把广州作扬州。

金银馒头糕

披雪浴日

# 点心一度，筵席上也有"一盅两件"

"一盅两件"，是刻在广东人骨子里的饮食基因。清末民初完整的广式筵席里，会以点心或糖水收尾，即为筵席上的"一盅两件"。此次筵席选用了陈勋先生原创的经典广式点心金银鸡蛋糕和菠萝浴日，向粤菜泰斗和业已失传的点心技艺致敬。

金银鸡蛋糕是民国时期十分有名的广式蛋糕，在民国时期华南酒家第三期菜单（见前插页图Ⅷ）的甜点推介中便可看到它们的身影，但工序繁多、做法复杂，市面早已绝迹。单从名字看，主创团队只知道这款蛋糕有金色和银色两层，银色层比较好解决，就是典型的中式蒸糕，但金色层就遇到困难，采用传统中式蒸糕的方法，不管怎么试验调整，金色层都得不到想要的效果，而且上笼一蒸，金银两色还不时会串色，口感也不尽如人意。经陈勋先生指点，方知此款点心为其首创，窍门是"中西合璧"，金银两层分别采用西中两种做法，先烤后蒸，下层金色蛋糕底先用炉烘烤出金色，中间一层铺垫莲蓉馅，再加上一层蛋液，送入中式蒸笼隔水蒸，才能让形状和颜色固定，形成金银两个层次，这一做法完全出乎团队意料。而且蒸和烘烤的面粉斤两不一样，蒸的面粉要加重，烘烤的面粉要轻，糖也要少。以前老师傅做的时候，要用到精致的花式小盏做模具，现在为了工艺的简化，采用了大众化的做法，方方正正，工工整整，一块一块即可。第一次厨师团队用了鸡蛋白来制蛋糕，试吃时，陈勋和徐丽卿先生都觉得口感太韧，而且没有香味，徐锦辉师傅建议用回蛋黄，这样口感会松化一点，也会更香，吃进去有蛋味。在最后的成品阶段，厨师团队在充分吸收了多位泰斗的经验后，还在银色层上加咸蛋黄碎，切出来以后，底为金黄，面为浅黄；上层松香，下层酥脆，呈现出两种不同的颜色和口感。一件看似简单的蛋糕，尽显粤菜的绣花功夫。

## 金银鸡蛋糕操作步骤

*

① 下层金色蛋糕底先在焗炉里烘烤出金色。

③ 厨师团队在充分吸收了多位泰斗的经验后，在银色层上加咸蛋黄碎。

② 中间一层铺垫莲蓉馅，再加上一层蛋液。

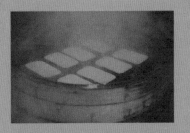

④ 再进中式蒸笼隔水蒸，才能让形状和颜色固定，形成金银两个层次。

　　此次筵席的最后一道点心"菠萝浴日"，与宋代羊城八景之一"扶胥浴日"有关。初看其名，厨师团队便明白原料会有菠萝和鸡蛋黄，但如何成品，毫无头绪，"只闻其名，不知其形"。幸被陈勋先生一语道破，原来他就是此点心的创作者，名字也出自他的手笔。所谓"菠萝浴日"，即鲜奶炖蛋，以最原始的炖奶方法，将加糖调好的鲜牛奶用隔水加热的方式"炖"出来，如汪洋大海，在炖奶上放烤香的咸蛋黄作为太阳，旁边伴上糖水菠萝，用牛奶、菠萝、咸蛋黄在碗内模拟出广州的经典美景。

　　南海神庙，又称波罗庙，位于广州市黄埔区庙头村，古属扶胥镇。南海神庙西侧的山丘东连狮子洋，烟波浩渺。每当夜幕渐退，红霞初升，万顷碧波顿时染上一层金光，一轮红日从海上冉冉升起。此时，海空相接，日映大海，霞光万道，十分壮观，这就是历史上宋代羊城八景之首的"扶胥浴日"，又称"波罗浴日"。北宋绍圣初年（1094），苏东坡被贬至岭南惠州，途中曾慕名到南海神庙游览，并登亭看日出，被"扶胥浴日"的景观所吸引，诗兴大发，写下了《浴日亭（在南海庙前）》：

　　　　剑气峥嵘夜插天，瑞光明灭到黄湾。

　　　　坐看旸谷浮金晕，遥想钱塘涌雪山。

　　　　已觉苍凉苏病骨，更烦沆瀣洗衰颜。

　　　　忽惊鸟动行人起，飞上千峰紫翠间。

陈勋先生当年以此为灵感，将传统文化意味融入点心创作，使之风靡一时。斗转星移千年过，沧海桑田话扶胥，用当地的简易食材与地域景观相结合，既有生活气息，又增添意境之美，这就是广府人的生活味道。

# 巧技新传
## ——"消失的名菜"第二季

　　粤菜的特点，注重因材施艺，让不同的食材入口以后呈现各自应有的口感和本味，夏秋力求清淡，冬春偏重浓醇，讲究清鲜爽甜滑和五滋六味。除了考究精致的刀工，还有丰富多样的烹饪技法，如煲、煎、炸、炒、焖、蒸、滚、焗、焗、炖、泡、扒、扣、灼、爆、飞、滚、烩、炟、糟、渌、烩、烘、煸等，不可胜数。高超巧妙的技艺，让粤菜形成清淡爽脆的特色，完全区别于中国的其他菜系，自成一格。

　　2021 年，广州博物馆与中国大酒店再度推出"消失的名菜"第二季，此季着重从老菜单和菜谱中寻觅业已失传或十分罕见、鲜为人知的传统工艺和技法。这些当日风行一时、精湛乃至复杂的技艺充分展现了传统粤菜所蕴含的匠人精神、绣花功夫和吉祥寓意，是传统粤菜技艺的集中体现，因此取名为"粤宴中国"。此季集中展示了粤式筵席所需的各项技艺，挖掘了功夫繁复、当下很难制作、材料很难寻觅的菜式，菜肴搭配和食材选用更丰富，各种原料基本没有重复。在此基础上，团队还在复原、创新、改良和重塑方面继续进行积极探索，秉持传承不守旧、创新不忘本的理念，应时而变，适应市场需求将技艺加以改进，为其源源不断地注入和延续生命力，无论对传统菜式的复原还是现代菜式的创新都意义良多。

松味甘草揽
咸苍
益津陈皮
鱼皮苑
山楂
生

# 北蜜饯　南凉果

　　广式凉果是在南方尤其是广东地区流行的凉果，其制作传统始于唐宋，至今已逾千载，2019 年广式凉果被列入广州市非物质文化遗产名录。如果说北方蜜饯的形成首先是为了保存未能及时食用的果品，那么南方凉果则像是为了增添瓜果的别样风味。"老广"挑选当季瓜果，以各种调味料及中药材熬煮调味，再干燥成型，这样的做法既保留了原瓜果的味道，又使得其味道层次更为丰富，鲜酸、清甜、果香、回甘，五味纷陈，越吃越有滋味，所以广式凉果又被形象地称为"口立湿"——它入口生津，哪怕听到其名，嘴巴也不免垂涎欲滴，有望梅止渴的意境。

　　在物资匮乏的年代，咸香口味为主的凉果以价格低廉、留味时间长成为广州的孩童们眼中性价比较高的小零食。口袋里一分、两分钱买到的小凉果是孩子们交友分享的"硬通货"，满载广府人的童年回忆。"消失的名菜"第一季借鉴民国时期最负盛名的粤式满汉全席，在正式筵席登场之前呈上以蜂蜜浸渍的满洲风味——蜜饯。而第二季的"粤宴中国"为了彰显广府烹饪特色，特别精选"广州三宝"——和味甘草榄、咸姜、盐津陈皮，配合鱼皮花生、山楂片组成席前小吃。其中"广州三宝"具有化痰润喉等功效，一般配合广东凉茶服用，既可减轻凉茶喝后滞留的苦味，也有一定的叠加疗效。山楂片则采用北方山楂制成，体现了粤菜南北融合的特点。最具趣味的要数鱼皮花生，在碟子上只见裹着脆皮的花生不见鱼皮，这是为什么呢？其实，所谓"鱼皮"，是指包裹在花生外表的脆皮。在制作时，先用南乳将花生腌制，再裹上薄薄的一层脆浆下锅油炸，温度、时间、手法都十分讲究，必须确保脆皮不会因有气泡破损影响外观，更不能炸得过硬影响口感和风味。五味小吃以独特的传统风味，"让城市留住记忆，让人们记住乡愁"。

陈皮鸭汤

虾籽柚皮

金陵鸭羊肉

西施蟹肉盒

锦绣鱼云吞

# 和顺积中 英华发外

　　"粤宴中国"继续借鉴满汉全席中以冷荤为"宴中首式"的定格，选取陈皮鸭掌、虾籽柚皮、金陵鸭芋角、西施蟹肉盒、锦卤云吞五款传统冷荤组成"和顺锦盒"，一语双关，拉开筵席的序幕。《礼记》载"和顺积中而英华发外"，意为和悦顺意蕴积于心中，美好的才华言辞显露于外。此冷荤拼盘取材于传统老菜单，既反映了传统粤菜的文化底蕴和精湛技艺，蕴含着老广对和顺生活的向往追求，又结合了精致的外观、淡雅的摆盘，呈现出细腻的味道层次，可谓慧于中，秀于外。

　　首先是锦卤云吞。云吞源自北方的馄饨，传入广东后，皮的原料也逐渐从面粉转变为绿豆淀粉，煮出来后外观似纱如云，馄饨又和粤语中的"云吞"发音相近，故有此称。在老师傅看来，此道冷荤的原料云吞是今日甚为普遍乃至现成的，在市面上小吃店、餐饮店都有，但对包的手法和出来的型格却十分讲究。第一次试菜时，云吞未达到要求，还需进一步改进：需要将绿豆面皮切成两寸半（8.3厘米）见方的薄片，包裹整只原虾，用筷子和拇指捏成榴球形，再下锅油炸。锦卤汁为酸甜口，用叉烧、鸡球、虾仁、鲜鱿熬煮而成，酸甜开胃。因为粤语中"酸甜"二字倒过来后跟"添孙"音近，所以此菜也成为婚宴上的头盘常客，打破了一般广式云吞只能水煮的刻板印象。

　　西施蟹肉盒是一道以"西施"命名的粤式菜品，大概是以西施形容蟹肉之嫩滑鲜甜。据陈勋师傅介绍，过去的西施蟹肉盒，为节约成本，馅料是酿馅为主，里面只加入少许蟹肉。所谓酿馅，即将猪上肉、后腿肉打烂，搭配鱼胶、鲜菇、冬菇等制成的馅料，可以用在酿凉瓜、茄瓜、荷叶、辣椒等菜式当中，所以叫作"酿馅"。西施蟹肉盒的做法是，先用澄面皮做成菱形的盒底，在盒底内酿入馅料后，再放上芫荽、胡萝卜丝等作为点缀，最后盖上盒面，整体形成圆圆鼓鼓的盒状，透明的澄面皮又可以透出红红绿绿的颜色，上笼蒸制后又好看又好吃，这是老师傅在民国时期的巧法。现代物资十分丰富，厨师团队在吸收前人经验的基础上，为追求更好的口感，将澄面皮改为片好的冰肉薄片，包裹虾肉和蟹肉文火油炸，外形似云饺又像元宝，外脆里嫩，十分鲜香。这款冷荤源自民国初期华南酒家的菜单。（见前插页图Ⅶ）

*

虾籽柚皮则用大家眼中的边角料——柚子皮大做文章，是粤菜厨师"变废为宝"的典型代表。柚子皮在广东一带是经常入馔的食材，其质地多绵密细孔，既能吸收汤汁的油腻，又有淡淡的柚香，所以多会和需要久炖的大菜如鸭、鹅等同煮，但处理柚皮却需要较烦琐的工序。首先是去除外皮，将青黄色的柚子外皮放在煤炉上炙烤至碳化，再放入冷水中让其自然脱落。接着将清洗干净的白色皮肉用手揸干水分，再放入冷水中让其吸饱水分后再次揸干，每隔4～6小时换一次水，如此反复3天才能确保去除其苦涩的口感。柚皮处理好后便开始烹制，先起锅加入少许猪油，放鲮鱼骨煎香后再下柚皮慢炸吸油，接着捞出柚皮用竹箧定型，之后放入用大地鱼、葱、姜、猪肉、绍酒等熬成的高汤以文火焗2小时，最后将炒香的虾籽撒于表面提鲜。这样烹制出来的柚皮松而不散，无筋无渣，入口即化，风味十足。

陈皮鸭掌是广式烧卤的代表。清末民初，粤人食鸭之风盛行，既要好吃又要"雅"吃，需要啃食的鸭掌显然是不适宜随整鸭摆上的。如何不浪费又能做成另一道美味，对粤菜师傅而言是道考功夫的难题。鸭掌的每根趾节都要去除干净，还不能破坏表皮的整体形状，这就注定它是一道"功夫菜"。去骨的鸭掌用姜葱汆水后，再浸入秘制的卤水汁腌制一周，最终味道如何，卤水汁的风味至关重要。卤水除了加入传统必备的陈皮，厨师团队还加入话梅增加酸甜风味，既解腻又开胃生津，成为四季均可食用的冷荤头盘。

\*

金陵鸭芋角是民国时期华南酒家的一款经典咸点，源自淮扬菜，经过改良后成为传统粤点。（见前插页图Ⅶ）本土化后以广州特色的烧鸭作为馅料，特别喷香惹味。芋角要做得口感丰富，外形精美，还要炸出蜂巢形状，丝毫不简单，其中有三大讲究，分别是选料、配比和火候。一般的芋头蓉无法炸出蜂巢形状，必须选用口感较粉的荔浦芋头，再搭配澄面和猪油制成外皮。取烧鸭肉与韭黄做馅，酿入皮内包成菱角形状。最后经由高温适时炸制，才能成为外脆内软、咸鲜相宜的金陵鸭芋角。让蜂巢内的这一抹甘香重回餐桌，见证了粤菜师傅的匠心、匠意和绣花功夫。

古法脆皮糯米鸡
捞味金蚝鸡

# 彩衣红袍　枝上凤凰

　　冷盘过后热荤至，"粤宴中国"的热荤由古法脆皮糯米鸡充任之，它与"粤席雅宴"的江南百花鸡一样，同出自百年前的文园酒家，也同样需要起全鸡，但与后者不同的是，因为鸡皮最后要呈现口袋形，开口一定要小，所以不能从胸部开刀，只能从颈部下端开口，这就增加了脱骨难度，十分考验厨师的基本刀工和绣花功夫。全鸡脱骨，是南北厨师的基本功，相对而言南方厨师更加注重。"起皮"后，鸡皮要完好无损、薄如蝉翼，还需保证承载糯米饭后坚韧不破，堪称最考验基本功夫的制鸡技法。

　　鸡皮起好后，内里酿入的生炒糯米饭也相当考究，它用两种腊味及冬菇、虾米、咸蛋黄、核桃仁、板栗等12种配料炒制而成，米粒分明而不糨糊，食材丰富多彩。酿入鸡皮后用竹签固定，过水定型，抹上脆皮水后风干，再用淋油的方法炸制。成品出来后鸡皮焦脆可口，如彩衣红袍，糯米饭则充分吸收了鸡汁和腊味的精华，香而软化，这种脆软相融的"鸡包米"，口感层次丰富，内有乾坤。

　　制作好的糯米鸡要切成一件件，摆盘时要拼成凤凰之身，而凤尾则由另一道怀旧烧味——烧金钱鸡组成。金钱鸡，实际上也非鸡，昔日穷苦人家在酒楼宴散后，会收集鸡肝、肉眼、冰肉等剩下的食材制成菜品，并将食材改刀切成圆形的金钱状，寓意金钱满屋，而且一般的老广人家皆以鸡为贵，所以美其名曰"金钱鸡"。上述几样食材经过长时间腌制入味后，每件中间穿夹薄薄的姜片串起烧制，形状就像一贯贯铜钱，滋味浓香，切成圆块砌成凤尾，整个摆盘如凤凰在枝头，栩栩如生。脆皮糯米鸡和烧金钱鸡本来是两道独立的菜式，且前者有高贵之姿，而后者有清贫之乐，经当代粤菜师傅的重新组合演绎，"飞"回餐桌，既有舌尖的风味，又有回忆的情味，更体现了"粤宴中国"注重古法传承，也重视改良创新的精神。

彩衣红袍

鴿吞粥

盐酿明虾扇

绿榔萝六六菜

白汁扒合唾

# 玉液一品　五福临门

*

　　在传统粤式筵席中，一般有炖制的清汤一道及扒制、煮制的浓汤一品。"粤宴中国"选取了和合鸳鸯及鹧鸪粥作为筵席上的清浊汤品。和合鸳鸯这一清汤，将上好的水鸭、老鸽和花胶，猛火炖煮后再加入浓郁飘香的金华火腿汁，汤清味浓。水鸭和鸽子两种鸟类一同烹煮，汤汁调和融合，故而称为"鸳鸯"。"和合"又称"和合二仙"，其人其名，历代传说各异，但总体象征了中国传统阴阳和合、中正和平的儒家精神以及对家庭美满、夫妻和顺的美好祝愿。随着历史的变迁，它是"万物和谐"的象征，更是老广对于生活的朴素愿景。

*

　　与清汤搭配的羹汤鹧鸪粥，虽名为粥，实则内无粒米，有粥的外形，又具汤羹的内涵，是粤式"功夫菜"的代表之一。先将鹧鸪去皮拆骨，以鹧鸪骨和鸡肉熬煮高汤，取鹧鸪肉切剁成蓉，与淮山蓉一起慢火熬煮，途中再加入完整的燕窝，口感层次丰腴绵顺。鹧鸪素有"山珍"之称，自古民间就有"飞禽莫如鸪，一鸪顶九鸡"之说，加上温良的淮山，足见此羹的滋补功效。民国时期，这是一个上菜，不同级别的酒楼饭店都有这个菜应客，不过用料各有不同。大酒楼、大户人家当然采用真正的燕窝和鹧鸪；中下饭店则用散碎燕窝和老鸡汤，甚至用炸猪皮替代燕窝者亦有之，售价不同，用料各异。一般来说，品质正宗的鹧鸪粥，都是高档酒楼深夜用来供应夜夜笙歌的公子哥儿的，暖胃又饱腹，但因工序复杂，耗时耗力，既考验厨师剔骨剁蓉的手艺，也体现"腾粥仔"（粤语，慢火用小锅炖粥）的耐心。在时间就是金钱的现今，餐饮市场早已难觅了。和合鸳鸯与鹧鸪粥两道汤品一清一浓，完整展现了传统筵席的规制。

*

在大菜部分，"粤宴中国"融合"四热荤"和"陆大碗"的筵席制式，推出更加体现广州本地特色、且适应目前市场"精简流程且重于技艺"的菜品——五福临门。它与广州的"五羊传说"不谋而合，分别为煎酿明虾扇、绿柳垂丝／戈渣、鹧鸪粥、白汁昆仑斑和锦绣玉荷包。

首先是寓意美好的煎酿明虾扇和锦绣玉荷包。煎酿明虾扇是中西合璧的菜品，这道菜有两巧之妙：一是构思巧，虾从腹部剪开后酿入鲜肉与虾胶调成的百花胶，给人虾内有虾的惊奇之感；二是技艺巧，精准的火候控制，明虾壳脆肉厚，干身惹味，无一丝多余汁水。最后摆成扇子之状，酱汁采用的是番茄加入砂糖等调味，再搭配翠绿的芫荽点缀，红绿相宜，淡雅美妙。这道煎酿明虾扇看似简单，实则精雕细琢，大巧若拙；既有卖相，又独具风味，巧手暖心，有一种古朴纯净的味道。与"粤席雅宴"中的煎明虾碌有所不同，此菜不再采用完整的剪虾七步法，因为在摆盘时，必须呈现整虾的形状，讲求有头有尾，寓意吉祥。

锦绣玉荷包则是粤式象形菜的代表，珍贵之处在于厨师的匠心、匠意及绣花功夫，以荷包之状，谐音"袋袋（代代）平安"的好意头。这道菜用碧绿的娃娃菜作为外层，内里包裹的肉馅以冬菇、金笋（胡萝卜）、瑶柱搭配切碎的虾肉和蟹肉粒，瑶柱可带出猪肉的鲜嫩，同时掩盖了冬菇的草腥味，令口感清爽鲜甜。以菜叶包裹肉馅，精致小巧，像极了翠玉做成的小荷包，最后以蟹肉勾芡。这道锦绣玉荷包口感清爽，蘸着芡汁吃更加美味可口，吃罢齿颊留香。

*

绿柳垂丝／戈渣是"粤宴中国"筵席中最为考究匠心手艺的"绣花菜"之一。此菜在百年前曾盛极一时，命名充满诗情画意，灵感正是来自翠绿垂柳的醉人景致，更因粤语中"绿"与"禄"同音，还有添福加禄的美好寓意。因"绿柳"取自"鹿柳"的谐音，本应以鹿肉入馔，但民国时仅以水鱼丝或山瑞裙边炒制而成，到了20世纪七八十年代才开始用鹿肉制作。

时至今日，参照民国做法，不惜成本采用1.5公斤重大水鱼，仅保留最外一圈裙边，拆骨起丝，这对师傅的砧板刀工、炉头炒工要求极高。老水鱼被粤菜师傅称作"山瑞"，取其山河瑞兽之意，肉质鲜嫩无比。但老水鱼的油脂和肉连接得十分紧密，腥臊难以下咽，一旦没有处理干净，整道菜品都无法入口。水鱼肉本就不多，一只水鱼只能起出3两丝，起肉率的多少就是考核师傅刀工的标准。早在唐代，就已有对厨师高超刀工的记载——"脍飞金盘白雪高"。他们用斜刀起肉、片刀片肉等手法将老水鱼的裙边和腿肉拆骨起出，小心剔走肉间残余的油脂，再用直刀切出肉丝，将肉丝用盐等调料腌制后滑入60℃的嫩油浸熟，拌上银芽、冬笋丝、冬菇丝等味菜一起翻炒。炒出的成品有"三不"标准（不泄水、不泄油、不泄芡），如果时间火候不够，肉菜尚未断生；一旦味菜过熟，就会渗出大量水分，这对炒工有着很高的要求，即使是熟手也不一定能完全做到。最后撒上柠檬叶丝提香，整道菜咸鲜中带着酸甜，并以戈渣围边。戈渣原是北京街头小吃，清末江孔殷府宴将其由甜点改为咸点，变得更为精致。所谓戈渣，原是用鸡子，即鸡的睾丸熬成的浓汤做成。为了适应现代健康饮食，改变传统高油高脂肪的鸡子浓汤，创新采用海鲜熬煮汤底。为了确保浓汤的鲜味，采用龙虾、罗氏虾、干贝、花蟹和活鱼等海鲜1.5公斤文火长时间推煮熬成糊状，待冷冻成块后裹粉油炸。制作戈渣，第一要讲究推煮的力度和方法，第二要讲究油温的掌控，做起来很不容易，现在已基本绝迹。出锅后的戈渣酥脆的外壳里，溏心流出，浓缩的汤汁呈现的不仅仅是海鲜美味，更是师傅们对火候把控精妙、功力深厚的厨艺缩影。

*

此次筵席的另一佳作为白汁昆仑斑，这是刀工与火候的巅峰。昆仑斑，是食林对石斑（俗称龙趸）的美称。最传统的白汁昆仑斑并不是直接食用龙趸鱼，而是食用大型龙趸鱼厚实的鱼皮。取下的龙趸皮需要曝晒3个月，泡发后放入用鲍鱼、火腿、章鱼、姜葱、香料等熬制的高汤文火慢炖，炖得细软浓香。古代渔民的捕鱼技术有限，大型的深海龙趸可能一生都无法捕捉到，即使是现在，大幅的龙趸鱼皮也动辄过万元甚至难以寻觅。传统的白汁昆仑斑是一道只有富贵人家才有机会品尝到的菜肴，十分稀罕。

据《菜色编谱巧制菜品·酒菜斤两》一书记载，传统白汁昆仑斑的制法，是一件石斑鱼肉夹一件火腿、一件笋为一组，依次序列，再加上斑头斑尾摆成鱼形。不过也有老师傅回忆，这道菜曾经用过龙趸皮。这种演变有可能是受到昆仑鲍片的影响。据菜谱记载，昆仑鲍片采用的就是龙趸皮夹鲍鱼片的做法。综合老行尊的口述和菜谱记载，厨师团队创新地将白汁昆仑斑与昆仑鲍片两道菜式相融合，并将传统白汁昆仑斑中的笋片替换为昆仑鲍片中的鲍鱼片、冬菇片等，保留原有白汁昆仑斑的火腿。因为龙趸皮难寻，也以龙趸鱼肉替代之。将大小适中的龙趸鱼，片出厚薄大小形状一致的鱼片，这样蒸出来的鱼片才不会弯曲变形，影响美观。另外，将"五头鲍"（五只为一斤的鲍鱼）放入高汤中熬煮，取出切成与鱼片大小相近的鲍片，再与龙趸鱼片、火腿、冬菇码齐夹在一起摆成鱼形，入炉蒸熟。这种"码夹"的法子，是传统的粤菜摆盘方式，称为"麒麟摆盘"，在昆仑鲍片中也有运用。

　　白汁昆仑斑除了考验精致的刀工，也十分考验"上什"（粤语，对厨技中"蒸、发、扣、煲、炖"的统称）的功夫，讲究"蒸"的过程中火候与时间的把控。龙趸和鲍鱼需用猛火蒸熟取出后，在中间放上菜心点缀，淋上传统粤菜里的清汤白汁。这里的白汁并非西餐常用的奶油白汁，而是三种传统粤菜芡汁的一种，即用清澈鸡汤调配的白汁，余下两种分别是用鲍汁浓汤调配的红汁和用韭菜等蔬菜调配的青汁。白汁昆仑斑肉质弹嫩、汁液丰盈，方寸间尽显厨师精妙的刀工火候，更体现厨师对传统粤菜的传承与创新。

鸡粒毛儿面

积极做品如馨

# 满汉全席中的最后一道主食

　　片儿面早在满汉全席中就有记载，直到20世纪五六十年代，粤菜筵席仍然流行把片儿面作为最后一道主食，它也是当时常见的消夜，但因为工序繁多，愿意制作的餐厅越来越少。制作片儿面，需要先把面团压扁切块，连续压制6次以上，让面块薄如云吞面皮，叠成小山形状，再斜切6刀竖切3刀，把面团切成尖尖的像小鱼儿一样的菱形，再用生油或猪油下锅炸至鲜明雪白，最后煨以鲜鸡上汤。片儿面吸收了鲜香上汤，鲜香嫩滑的口感中又带有鸡肉的清新。这道片儿面看似食材简单，却蕴含着厨师精细的手艺与匠心，以及对粤菜的传承与创新。

## 甜 蜜 绵 绵　长 寿 仙 翁

*

　　"粤宴中国"最后一道甜品选用了核桃仙翁奶露，这是民国粤菜华筵、寿筵中常见的甜点。当时寿筵的甜点非常讲究，女寿星会上"王母蟠桃"，男寿星则是"仙翁奶露"，都有福寿绵长的好兆头。仙翁，意指葛仙米。相传东晋时期，医学家、道教名家葛洪将一种天仙米献给皇帝，体弱的太子食后病除体壮。皇帝为感谢葛洪，便将天仙米赐名"葛仙米"。葛仙米本来是水稻田随处可见的藻类植物，其貌不扬，黑黑的颗粒像茶叶粒，不过经过泡发后，可谓是"麻雀变凤凰"，色绿粒圆，玲珑剔透，又有"绿色燕窝"之誉。在香浓的核桃糊上撒入泡发好的葛仙米，口感又香又滑，不但寓意长寿健康，更体现广式糖水兼具文化内涵的特点，祝愿寿筵者与仙同寿，托物寓意，沁人肺腑。

# 举杯邀明月
## ——"消失的月饼"

　　"但愿人长久，千里共婵娟。"中秋节是中国一个历史悠久的传统节日，早在《周礼》中便出现了"中秋"二字。至唐代初年，中秋开始成为节令，且盛行于宋代。最早提到"中秋节"这一名词的是宋代吴自牧《梦粱录》："八月十五日中秋节，此日三秋恰半，故谓之中秋。此夜月色，倍明于常时，又谓之夕月。"由此可以得知，当时已经有了中秋节。明清两代，以月饼寄托中秋情思的习俗更是蔚然成风。明代田汝成在《西湖游览志余》卷二十《熙朝乐事》里说："八月十五日谓之中秋，民间以月饼相遗，取团圆之义。是夕，人家有赏月之燕，或携榼湖船，沿游彻晓。苏堤之上，联袂踏歌，无异白日。"可见从明代开始月饼便逐渐与中秋节挂上钩，月饼也有了团圆之意。

　　至清代，全国已形成广式、京式、苏式、潮式等风味各异的月饼派系。广式月饼注重皮薄馅多，饼皮松软油亮，馅料考究杂博，好用精美肉制品，通常还加入咸蛋黄；京式月饼则是宫廷风格，口感清甜偏硬，喜欢用麻油，馅料用得比较多的是各种果仁、红枣、山楂等；苏式月饼则风格独特，酥皮沙馅。无论从市场占有率还是认可度来说，广式月饼都是其中的佼佼者。

随着时代的发展与变迁，如今的广式月饼已经"中西结合"，既有西方点心的工艺，又结合了广式月饼的特色传统。而过去被视为经典的传统味道却只停留在文人墨客的字里行间。用料几许、火候几何等，也仅留在几张薄薄的配方单上。2021年，继"消失的名菜"第一季后，广州博物馆与中国大酒店合作，在中秋前夕推出"消失的月饼"——粤色中国礼盒。这一项目也是基于广州博物馆藏的文献史料《制中秋饼材料斤两》《月饼制作菜谱》及月饼广告、价格表等。广州博物馆研究人员与中国大酒店厨师团队再次携手一起破解饼单上的"秘密"。[55, 56]

首先，从古至今，基于保密需要，饮食行业发展出自己的"行话"，各家茶楼食肆都有一套自己的沟通方式，对同一食材的叫法不尽相同，甚至和现在的叫法相差甚远。其次，有些口语、俚语化的餐厨术语，需要老行尊才能回忆起当年的称呼；某些带有地域特色的食材，因为生产率低、制作周期长、经济效益不高等已经停产。由于清末民初的酒家多使用十六两秤，重量的配比也需要重新换算，以便适应现代市场口味需求的变化。博物馆的研究人员以及厨师团队通过查阅历史文献、访问老师傅，在选料、揉面、发面、压模、反复烘烤等看似简单的工序上不断地试验、否定、再试验。这一过程不是简单的复刻，而是在传承中进行改良和创新。历时数月，文献里记载的五款民国传统月饼西施醉月、凤凰肉月、腊肠肉月、烧鸡肉月和中豆蓉月终于从纸上回到餐桌。

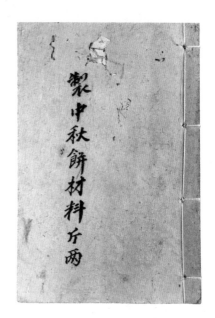

55
《制中秋饼材料斤两》
民国

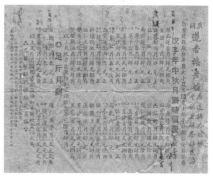

56
涎香楼、莲香楼月饼广告单
民国

# 腊月味道潜入秋

腊肠肉月是广州餐饮业"引厨入点"的案例。广州有句俗语，"秋风起，食腊味"。腊味是广州人秋天餐厨中常用的食材，此款月饼将其引入饼食的制作之中，因此腊肠的选材是关键。和现代规模化生产不同，传统的广式腊肠有一个重要的特点，便是采用山西汾酒或玫瑰露酒腌制。品质较好的汾酒市面上最少要80元0.5公斤，而现代化勾兑生产的腊味酒只需十几元0.5公斤，在追求效益的时代，价格较低产量较高的腊味酒早已占据大部分市场，坚持采用品质更好的汾酒古法腌制的腊肠逐渐消失。但在厨师团队和老师傅的坚持下，还原工作决不会马虎了事，故而进行了对这款月饼的"灵魂"——腊肠的高度复刻，二八肥瘦，古法腌晒，成品出来后，其口感和味道都受到老师傅们的一致认可。

馅料中，主要肉类有"上肉"，意指将全瘦肉做成叉烧；"丁标"，指肥猪肉丁。此外，还有"元眼"，指龙眼。果仁方面，有杭仁、芝麻、双桃肉、麻粉等。"杭"是一种乔木，树皮煎汁可贮藏和腌制水果、蛋类。但在行话里，"杭仁"可以指代榄仁。那"双桃肉"又是什么呢？从字面上看，似乎是两种不同的桃仁，但桃仁含有剧毒苦杏仁素，不能食用，显然这一猜想并不正确；从整个配方上看，此款月饼应该是五仁做底，"双桃肉"不太可能代指桃肉。经过询问老行尊才得知，原来"双桃"是指大小均匀、外形左右对称的核桃，"双桃肉"意即核桃仁，这才解开百年谜团。

此外，在技法上，厨师团队还加入了"柠檬叶一仙"，这是此款月饼的点睛之处。柠檬叶的使用源自西餐，清末民初也只在广式月饼中才会出现，这是广式饼食"洋为中用"的有力凭证。在用量上也极度克制，只用"一仙"。"仙"是重量单位，香港的酒家对"分"的英文"cent"音译为粤语"仙"，后随粤菜师傅传入广州。民国的月饼制作采用 4 级重量单位，分别是斤—两—钱—仙（分），一斤等于十六两，一两却又等于十钱，一钱等于十仙（分），因此换算回现代的克重相对不易。十六两秤制度源于秦代，这便是成语"半斤八两"的由来。1949 年后为便于市民换算，方才将一斤更改为十两。些许柠檬叶的加入，减了几分油腻，多了一点清香，代表着粤菜师傅敢于创新，既坚守传统又包容涉猎，是对传统菜式的时代诠释。[57]

————
[57]
腊肠肉月
民国

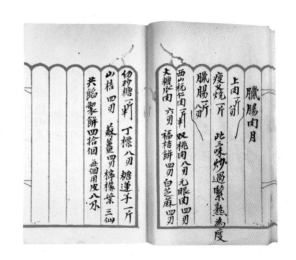

## 席上之鸡可制饼

广式月饼擅长以肉制品入饼食，在"无鸡不成宴"的广州，烧鸡也成为月饼的特色馅料。此次"消失的月饼"选取的烧鸡肉月，以五仁馅料做底，将主要肉类换成烧鸡。烧鸡的制作有四大特点：一是选料要精，鸡不能太老也不能太嫩，否则要么肉质太韧，要么缺乏口感，采用一斤半到两斤的光鸡最好；二是品种要对，经过三黄鸡、灵山鸡、海南鸡等鸡种的多番轮试，才找出最适合制作成馅料的品种；三是火候一定要够，需要精准把控肉质和水分的比例；四是配方要准，经过多番探讨，老师傅们在文献记载的基础上，对原有配方做了适当的改良，最终敲定此次的烧制配方，并决定用传统炉灶烧制。只有达到以上标准，此款月饼才成功一大半。[58]

　　除了烧鸡，其他配料也不容小觑，"福橘饼"是橘饼的雅称，即带皮红橘糖渍加工而成的果饼；"玫瑰糖"是糖渍玫瑰，为月饼增加酸甜的口味和玫瑰的芳香；最具有广府特色的当属山橘和苏姜。山橘和苏姜在行话里分别对应陈皮和仔姜，这两样食材特别是苏姜，几乎只出现在广式月饼当中。粤菜注重食补，不同食材有不同疗效，皆可入馔，比如著名的"广州三宝"陈皮、老姜、禾秆草。此款月饼加入的仔姜也别具疗效，其水分充足，适合体质燥热的人群，口感脆嫩，与老姜相比别有一番风味。

58　烧鸡肉月

## 西子湖畔月

月饼命名，往往会援引与"月"相关的典故、风物、盛迹，让花好月圆的佳节平添诗意和美好，比如三潭印月、银河夜月、平湖秋月、嫦娥奔月、月宫宝盒、西施醉月等。此季"消失的月饼"选用了民国时期比较流行的西施醉月进行还原。西施是中国古代的四大美人之一，经常会用于粤菜菜品、点心的命名，如西施虾仁、西施粉果、西施蟹肉盒、西施豆腐等，究其原因，大概是西施为江浙一带的越人女子，而近代粤菜在发展过程中受江浙风味影响较深吧。而以此命名的菜品通常也有口感柔和嫩滑、色泽如玉洁白的特点，也契合人们印象中西施手如柔荑、肤如凝脂的美人特质。西施醉月源自一个与月亮有关的美丽传说：才貌出众的西施被范蠡送入吴王宫中后，博得了吴王夫差的信任和欢心，但她的心日夜都在思念故乡家园。暮春的一个晚上，西施扶着窗栏、对着明月不停哀息惋叹。夫差见此，召集群臣想办法，最后决定为西施在灵岩山修筑行宫，还开凿两座池子，大者称"西施井"，小者称"玩月池"。西施常于明月之夜与吴王赏月，借池中倒影与水中明月嬉戏。她用手遮住半边月影，戏言"水中捞月"，人们便传之为"西施玩月"，以此衍生出"西施醉月"的美名。这是民间对西施形象的美好想象。

西施醉月的原料十分丰富，以虾仁、金银润、叉烧、火腿、丁标等肉制品为主，伴以杭仁（榄仁）、芝麻、山楂、苏姜等果仁果品，辅以大瓜肉、福橘饼、糖莲子等糖果，还添加了芳香的玫瑰糖，咸甜适宜，余味动人。此款月饼制作时，虾肉的取材成为关键。在选用虾干还是活虾、原只还是切粒等问题上，厨师团队反复权衡，最终决定追求品味之美，故采用大小适中的活虾煮熟，去壳切粒，保持鲜爽的味道和口感。[59]

## 柔柔绿豆蓉　当中秋月明

　　前面选入的几款月饼，都体现了广式月饼善用五仁的传统。所谓五仁，即杬仁（榄仁）、瓜子仁、杏仁、芝麻仁、核桃仁等，制成后如繁星点点，均匀分布，观之诱人，食之甘香，还有五谷丰登的美好寓意。除了五仁馅底，广式月饼还以细腻柔滑的莲蓉、豆沙、豆蓉馅著称。此次"消失的月饼"选用了一款中豆蓉月作为其中代表。所谓"豆蓉"，在粤点中一般指绿豆沙，"豆沙"才是指红豆沙。据厨师团队介绍，现在市面上一般使用红豆沙，采用绿豆蓉的比较少了，这也体现了此款月饼的独特性。口感上，豆蓉更为清淡细滑，豆沙则更加厚重实在。

　　所谓"中豆蓉"，指采用个头中等的绿豆，余者还有"大豆蓉""细豆蓉"的区别。要做出香滑豆蓉，全靠一个"铲"字，饼单上的熟肥肉就是传统铲豆蓉的必备材料。传统的铲豆蓉，要挑选皮薄口粉的绿豆浸泡 2 ~ 4 小时至膨胀，加水煮烂脱壳后研磨过滤，再放入糖和油在大铜锅上不断用木铲翻炒。熟肥肉就是为提炼猪油翻铲绿豆而加入的。为了适应市民对健康饮食的需要，厨师团队用炸过蒜的植物油代替猪油，以减少胆固醇含量，这样制作出来的豆蓉甜而不腻，香而不俗，展现了广式月饼适应现代生活、不断改良创新的活力。[60]

在中豆蓉月的基础上，加入了原只咸蛋黄，又形成了一款新的月饼"凤凰肉月"[61]。它与中豆蓉月的配方基本一致。"凤凰"即咸蛋黄的雅称，在菜名当中，一般有"凤凰"的，都与鸡、鸡蛋相关。清代袁枚的《随园食单·小菜单》中有"腌蛋"一条："腌蛋以高邮为佳，颜色红而油多。"这种蛋黄红沙而冒油的腌蛋，就是指咸鸭蛋，以江苏高邮出产的为佳。袁枚记述，乾隆时期的名臣高晋就好这一口，一般是成只鸭蛋带壳切开摆放在盘中，席间先夹取敬客，需蛋黄、蛋白一起吃；不能去掉蛋白只留蛋黄，这样不但味道不全，而且蛋黄的红沙油也容易流失。可见咸鸭蛋之妙，在于蛋黄之香、之油，也在于蛋白之软嫩鲜香也。著名散文家汪曾祺先生也是高邮人，曾写过一篇温情脉脉的《端午的鸭蛋》，记录故乡的味道。清末民初之前，其他地方吃咸蛋都是单独吃，或当一道凉菜或是佐菜，只有广式月饼会将它作为月饼的馅料，加入咸蛋黄的凤凰肉月富含脂肪、蛋白质、氨基酸和维生素，营养十足，打开后油香四溢，色鲜味美，深受长者和儿童的喜爱。蛋黄如满月，寄托了团圆相聚的吉祥寓意。广式蛋黄月饼有单黄、双黄、四黄之分，讲究蛋黄不偏皮，四等分切开以后每块均能见蛋黄。据菜谱记载，此款凤凰肉月需准

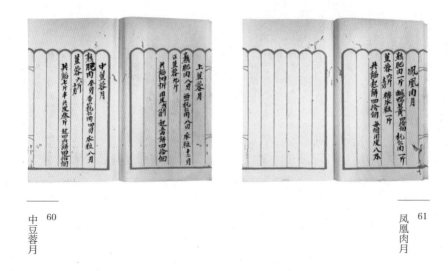

60

中豆蓉月

61

凤凰肉月

备咸鸭蛋黄四十个，起饼四十个，故而为单黄。

　　五款"消失的月饼"，甜中有咸，咸中有鲜，细审配方，精选原料，在严格遵循古方的同时，又根据现代生活的少油低糖等健康需求加以微调再推出市场，故深得大众喜爱。还原广式传统月饼，不仅表达了对传统粤地文化的致敬与传承，更为广大市民带来了寄托情怀、传递祈愿的精神慰藉。尘封的广式饼饵技艺也在传承和创新之间赓续。

　　"消失的月饼"除了馅料从文物中来，其包装礼盒的设计也是一次成功的文物活化，其元素源于广州博物馆珍贵的馆藏国家二级文物——清代黑漆描金开窗庭院人物图缝纫盒。[62] 中国大酒店团队以该缝纫盒为蓝本设计了"粤色中国"礼盒。[63] 这件几乎一比一还原文物的八角形礼盒，纯手工打造，以墨绿为底色，用金色勾勒出亭台楼阁、花草树木，人物位于庭院中轻摇蒲扇悠闲赏月，一幅岁月静好的景象。盒边则错落地分布着蝙蝠、蝴蝶、菊花、八宝等纹饰，寓意福气满门，吉祥如意，团圆美满。

# 点点可心意
## ——"消失的点心"

　　"点心"一词，早在唐宋的话本、杂谈中就有出现。唐代孙颀的《幻异志》就有记载："鸡鸣，诸客欲发，三娘子先起点灯，置新作烧饼于食床上，与诸客点心"。宋代庄季裕的《鸡肋编》有"上觉微馁，孙见之，即出怀中蒸饼云：'可以点心'"。由此可知，点心是古人用以充饥垫腹的食品，史籍记载点心有粉面、汤圆、鸡蛋糕等主食，也有包含茶食在内的各种糕点、饼食，可作正餐食用，也有闲情点缀、可心怡情之意。发展至近代，点心逐渐形成南北两途，据周作人考察，"北方的点心历史古，南方的历史新……北方可以成为'官礼茶食'，南方则是'嘉湖细点'"。精巧雅致，是南方点心的最大特点，点心之南北分化由此而成。

广式点心在近代逐渐崛起，既继承了岭南民间小食以米、杂粮为主的特色，比如米制品、杂粮制品、杂食等，也对北方的面食点心进行本土化改良。《广东新语》记载："广人以面性热，不以为饭。"老广并不习惯于食用面食，故而清代以后，北方风味面食点心随着广式茶楼的迅速发展不断改良创新，最终演变为具有岭南特色的广式点心。广式点心最大的特点是深受欧美各国的饮食文化浸润影响。鸦片战争后，西餐食谱大量进入广州餐饮市场，广州点心师傅吸收和改进了西式甜品种类和制作技巧，将牛油、焗、烘烤等西式特色成功融入广式点心。随着广州这一世界商都的蓬勃发展，广式点心也蜚声海内外，拥有了世界性的名片称谓——"dimsum"，成为中国点心在外国人眼中的代名词。

　　清末民初，以一盅茶、两件点心为特色的茶居、茶楼已经风靡广州，成为时人一种值得称道的生活方式。20世纪二三十年代是广州点心业发展的兴旺时期，禢东凌、李应、区标、余大苏"四大天王"横空出世，并创制了"星期美点"等传统点心制度，大大丰富和拓宽了点心的款式和容量，本地人对点心也有了特殊的感情。改革开放后，广式点心不断吸收百家之所长，将厨房包点的皮类发展为4大类23种，馅料发展为3大类47种，款式达4000种以上，以精巧雅致、款式常新、适时而食、保鲜味美、古为今用、洋为中用的特点傲立中国食林，与京式点心、苏式点心并立为中国三大点心流派。

广式点心在粤菜中占据着举足轻重的地位，"消失的名菜"系列怎能没有点心的身影？2022 年，广州博物馆与中国大酒店，根据 20 世纪 30 年代《制面、糖果、油器、饱饺、点心、糕点、冰室各种品食类制法》一书，创作还原了 20 款早已在餐桌上消失的民国点心：咖啡奶糕、茨蓉布甸、鸡粒甘露夹、酥皮葱油包、冰肉莲蓉饼、红豆软皮饼、玫瑰马蹄盏、椰蓉猪油包、桂花枣泥卷、雪梨鲜奶露 10 款甜点；鸡粒梅花饺、西施粉果、金陵鸭芋角、千层鲈鱼块、龙凤灌汤饺、锦卤云吞、柚皮焗松饼、鸡粒粟米盏、金陵鸭粉卷、香煎卤肉包 10 款咸点。这 20 款点心既体现了粤菜海纳百川、兼收并蓄的特点，也折射出广东人务实进取的精神内涵。

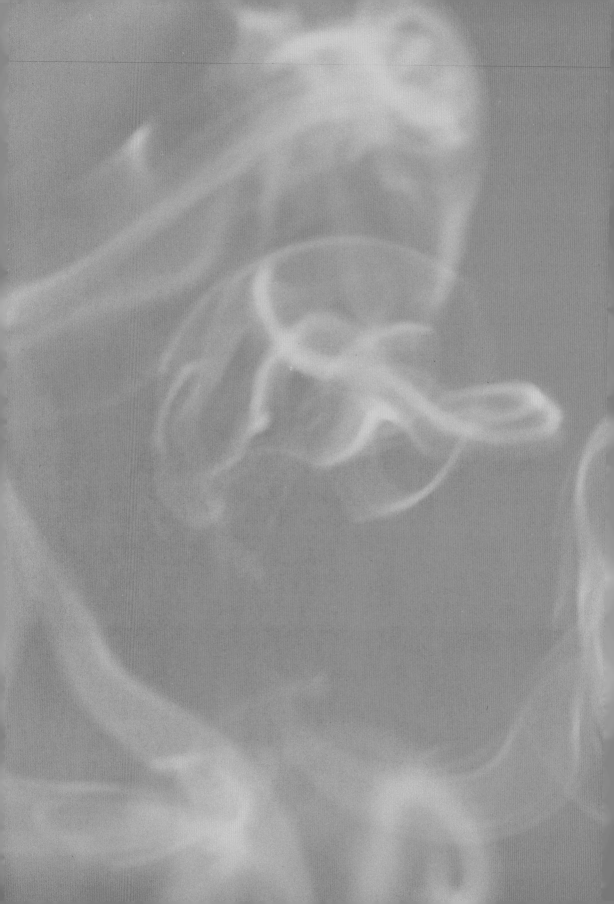

桔花枣泥卷
冰肉莲蓉饼
雪梨鲜奶露
玫瑰马蹄盏
合王敕皮饼

# 传统点心味

传统的广式点心区别于其他流派点心的最大特点，是"厨为点，点为厨"，或者说"引厨入点"，将传统的厨房菜肴食材、烹饪方法等引入点心。冰肉莲蓉饼就采用了传统粤菜中常见的食材"冰肉"和莲蓉作为主要材料。"冰肉"是指用烧酒和白糖腌制过的肥猪肉，雪白如冰，莹润透明，故有此称。这款点心中的冰肉需要用玫瑰露酒替换烧酒腌制一个星期以上。莲蓉的熬制方式要从猪油辅助改良为用秘制植物油慢火细铲而成。莲蓉和冰肉制成后，一起夹入混酥皮中包成饼。所谓混酥，是吸取西式做法，用牛油混合猪油起酥。中国传统点心应用的动物油脂多限于猪油，牛作为农耕生产力十分珍贵，除祭祀以外，国人几乎不会食用牛肉。而欧洲的气候和地理环境使其畜牧业更为发达，食用牛羊的历史悠久，所以糕点中也大量使用牛油。广州的点心师傅在接触到牛油后，将牛油与猪油混合使用，创造出比中式传统酥皮和西式酥皮更香的"混酥"皮之后，在饼坯上扫蛋液再放入烤箱烘烤至金黄色，尝之滋味浓郁，酥香无比。

*

红豆软皮饼是广式点心师傅的快手佳点。"红豆生南国，春来发几枝"，广州人对红豆的情感源自小时候母亲亲手熬制的一碗碗红豆糖水，这是每代人独特的回忆。制作红豆软皮饼需要挑选大小适中、表皮光滑、色泽红润的红豆，如果豆子过老，则皮糙肉厚，难以脱壳；豆子过嫩，则粒小肉薄，口感不佳。先将选好的豆子浸水，蒸熟至软而不烂，成颗粒状待用。接下来就是饼皮的制作，在糯米面团中加入澄面，使面团有足够的韧性。饼皮压好后，酿入红豆馅，并在饼皮两面分别点缀上榄仁和白芝麻，随后入屉蒸熟，再下锅煎香。因为澄面的加入，使表皮白而不浊，芝麻和榄仁的香气互为补充，相得益彰。

*

玫瑰马蹄盏体现了广式点心取材自然的特点。广州素有"花城"美誉，广州人不仅爱赏花，还爱吃花，擅长以鲜花作为食材原料或者造型，而马蹄又是广州本地著名的水生植物"泮塘五秀"之一，富有浓郁的岭南风土意味。将糖渍过的玫瑰用山泉水化开，加入马蹄粒和马蹄粉持续文火慢推至生熟浆。生熟浆之"熟"，并非指食物的熟度，而是指水糊的凝结程度。水糊过稠，凝而不透；水糊过稀，则马蹄粒下沉，也不够美观。推好的糊浆内料分布均匀，倒入玫瑰模具中入笼蒸熟，一朵朵"玫瑰"便在桌上怒放。

*

雪梨鲜奶露采用了传统粤菜厨房常见的"炖"式。广州人相信从天然食物中可以汲取营养，获得疗效，其中讲究慢火细功的"炖"是食疗的良法。如果以较为坚硬的食物外壳、外皮充当炖盅，想必功效更为卓著。这道甜食需要先挖空雪梨的内芯充当炖盅，再加入鲜奶慢炖。广州人喜食雪梨，因其清新爽甜，滋润喉肺，长时间地炖煮让雪梨的滋味融入牛奶之中，最后放上枸杞点缀，成为简单易做、可以让大众在家也能复刻的家常甜点。

*

"桂子月中落，天香云外飘"，在唐代诗人宋之问的眼中，桂花香透九霄、生于朗月之秋。广州气温高，桂花开得晚一些，每到深秋，镇海楼前的桂花随风而舞，清香扑鼻。取一捧桂花与牛奶混合制成冻胶，与枣泥冻胶一起趁热黏合卷起，随后冷冻成型再行切段，最后入笼蒸熟，一道清香暖胃的桂花枣泥卷就完成了。

西施榄果

金陵鸭粉卷

鸡蓉福花饺

鸡粒甘露角

# 点心也可没"面皮"

与北方面点不同，广式点心可以不用面粉制皮，甚至没有"皮"。比如凤爪、排骨都没有皮；鸡丝粉卷、鸡丝拉皮则分别用有韧性的河粉和纯粹的马蹄粉制皮；鲜粟虾仁脯、西施蟹肉盒、桂鱼鸡丝筒等，更是直接用肥猪肉、鱼肉等肉类盖面充当皮的角色。还有一种传统"夹"式，食材蘸蛋浆层层相叠，盖面仍为食材中之一，如珍肝荔芋夹，以面包做底，中间分别以卤过的鸡肝、梅柳叠之，在上盖面者就是腌制过的肥肉——丰富包容，不拘一格，这是广式点心数量可以达到数千款的原因之一。

鸡粒梅花饺的外皮，就是将澄面、生粉用开水烫熟和匀制成，用刀将外皮拍成虾饺皮形状，包入馅料，折四折成梅花形，在四块梅花叶上放冬菇、玉米、胡萝卜、芹菜四样蔬菜粒作点缀，入笼蒸熟。梅花饺采用了传统点心制作手法中的叠捏法，具有相当难度，点心师傅需要有一定的经验和耐心才能捏出形象生动的梅花状。梅花饺造型美观、逼真，是高档宴会才会制作的花色点心。用此法制作的饺子，还有双孔的凤眼鸳鸯饺、三孔的一品饺等。随着时代的变迁，食客的关注点从追求色香味俱全转移到效率和性价比上。由于缺乏市场需求，久而久之，这种费时、费工夫的点心便逐渐减少，越发罕见。

*

西施粉果同样以富于韧性的米粉或澄面粉作为外皮。相传清末一名叫娥姐的女佣因制作粉果别有风味，被"茶香室"老板聘去主制粉果，这道点心也因此命名为"娥姐粉果"。"娥姐粉果"推出后，食客络绎不绝，引来各大茶楼竞相效仿。文人食客得知此事，将"娥姐粉果"改名为"西施粉果"。经过近百年的改良，粉果成为广州食肆十分普遍的传统点心，"西施"一词也不再专指制作粉果的女性，还包含了对粉果白里透红、滋味十足的赞美。

*

金陵鸭粉卷的特别之处在于它的粉皮由古法制作而成，属于传统"布拉肠"的范畴。传统粤点中拉肠的制法主要有3种：一种就是用于金陵鸭粉卷粉皮的布拉肠，以粘米粉、生粉和水调制而成，质地相对较软；一种是铺在竹篾上蒸熟的"沙河粉"，软韧适中；还有一种是用机器蒸熟的，口感最结实。除了制皮，如何去除鸭肉的腥味也相当重要，金陵鸭去骨切丝后用姜葱汆水，再起锅爆香，最后搭配韭黄和金笋丝（胡萝卜丝）用布拉肠卷起，汁水饱满，油香四溢。

*

鸡粒甘露夹并没体现"夹"式点心以肉做皮的特点，仍采用糅合西式技法的酥皮，以猪油和牛油混合的混酥法制之。将鸡肉、冬菇、胡萝卜切粒煮熟成馅；将面粉、牛油、猪油、鸡蛋、清水拌匀，制成皮；以一层酥皮做底，中间放入馅料，再盖上一层酥皮，扫上鸡蛋液放入铁盘烘至金黄色即可。

点心也可改变百皮

东莞生煎包

# 主食点心　顶肚大件

*

　　广式点心除了精小雅致，还有"大件抵食"的主食点心，比如葱油饼、番薯饼、南瓜饼等饼食，还有各式包点。椰蓉猪油包就是其中典型，老广制点最喜猪油。此款包点的特点在于，蒸制出来后，外表呈蟹盖状。"起蟹盖"，是广式点心独有的一大特点，其秘诀在于油量、"手势"和火候，油要比平常用得少一些，面皮跳过发面的步骤直接揉搓，但一定不能揉到"起筋"，避免面团过于有韧性，另外还需加入鲜奶和蛋白增白提香。包坯制好后需放入笼中武火蒸熟，出品既有童趣，亦有雅趣，因此也被称为"蟹盖猪油包"。

*

　　香煎卤肉包的馅料卤肉在东北、江浙、闽粤、川湘一带均有制作，因卤水的不同，各有特点。卤水主要分为红卤和白卤两大类，区别在于是否加糖色。加糖色的卤水汁为红卤，卤出的食物呈金黄色（咖啡色），如卤牛肉、卤肥肠等；不加糖色的则为白卤，卤出的食物呈无色或本色，如白卤鸡、白卤牛肚或猪肚等。先用广州三宝之一的禾秆草将猪肉烤香，再放入秘制卤水汁腌制一星期左右，与酸菜共同入馅，最后将包点蒸熟煎香。这道香煎卤肉包中的卤肉吸收了南北制作方法之长，分外惹味，食之齿颊留香。

## 席上生风　美景双辉

　　点心是粤式饮食文化的重要组成部分，而且在"引厨入点"等风气的影响下，形成了粤菜筵席中"无点不成席"的规矩。能够上席的点心，根据品质划分为美景双辉、席上点心两类，体量绝对不会大件，既保持点心的精巧外形，也能充分展现制点的工艺和技术。席上点心一定有糖花、澄面花等优美的伴边。千层鲈鱼块、金陵鸭芋角和锦卤云吞三款曾亮相"消失的名菜"筵席之上。

　　龙凤灌汤饺同样是一款"矜贵"的席上奢侈品。其源自苏式点心，经过改良成为广式点心。它不仅贵在食材，还贵在时间，贵在功夫。想要做出一只既有外观又有内涵的灌汤饺，背后的功夫以年计算，能上案板做灌汤饺，是厨房里师傅对徒弟的肯定。龙凤灌汤饺的汤先用鸡肉、猪骨、火腿粒等原料熬制 3～4 小时，并拿出部分上汤加入琼脂冷冻。其后，将鸡肉（凤）、虾仁（龙）和凝固的汤汁包裹进薄薄的饺子皮内，再经过长时间的蒸煮，最后将精美的饺子放入汤盅，加上秘制高汤。一道清澈透亮、味道醇厚的龙凤灌汤饺就完成了，轻轻一咬足以媲美满桌盛宴。

茨蓉布甸
研皮葱油包
咖喱奶糕
柚皮焗松餅
雞粒宋米盞

# 西风东渐　洋为中用

*

　　清末民初，大量西方文化融入广州这座城市里，对市民的衣食住行产生了十分明显的影响。反映在餐饮上，那就是出现了大量使用西式烹调技法、原料制作出来的各式点心。咖啡奶糕是经典的民国点心，咬下去浓郁的咖啡香味蔓延口中，伴随着牛奶的香甜，口感弹牙冰爽，在当时深受外国客人和海归人士的喜爱。此款糕点制作方法与椰汁千层糕十分相似，最讲究耐心，必须等上一层浆液冷凝后，才能缓慢倒入下一层，过程中不能抖动，以免产生气泡。每次制作，即便是老师傅也要耗时 2 小时以上。中国的千层糕，海外的咖啡豆，既有传统，又有创新，洋为中用，中西并举。时至今日，这份独有的包容性，依然是广式点心的最大特点。

*

　　茨蓉布甸，观名即可知其为舶来品。布甸又可译为"布丁"，是"pudding"的粤语音译。在英国，布甸不仅是一种半凝固状的冷冻甜点，还可代指任何甜点，因此做法上也并没有局限。茨蓉在粤语中与"薯蓉"同音，泛指日常生活中的薯类，可能指马铃薯、番薯、山薯等。徐丽卿等师傅研究认为，清末民初时，马铃薯已在点心中广泛应用，人们常用它制作茨仔包、煎茨饼等，且粤语中"茨仔"只用于指代马铃薯，因此茨蓉最大概率为马铃薯蓉。这道点心先将马铃薯去皮蒸熟，碾压过筛，再加入糖、牛奶和鸡蛋等混合，再入烤箱烘烤成布甸。这种做法比使用冷冻更有视觉效果，香气更能得到进一步的释放。

*

酥皮葱油包可谓通身洋味。在混酥皮中加入"依士"酵母和葱粒，常温发酵2～3小时，口味更香。"依士"是酵母"yeast"的粤语音译，作用类似于西式泡打粉，使面团的口感松软。发酵的时间和温度对口味的影响比较大，温度过低，发酵速度慢；温度过高，则容易变酸。炒香的葱粒酿入发酵好的面团中烘烤，化普通为特殊，化简单为神奇。

*

广式点心中常见的酥皮深受西式技法影响。一般来说，酥皮分为暗酥、明酥和混酥三种，像叉烧酥这种表面光滑、内里成酥的是暗酥，天鹅酥这种表面就能看到纹路的叫明酥，猪油和牛油混合起酥的称为混酥。鸡粒粟米盏重在对酥皮的运用，用暗酥手法制作混酥皮，一部分制成盏形，放上鸡粒、玉米粒和萝卜粒，再将部分酥皮切条，在馅料表面"编织"成竹篮形，入炉烘烤。这款鸡粒粟米盏既美观又有趣。

*

柚皮焗松饼与"消失的名菜"第二季中"虾籽柚皮"物尽其用的理念相同。将剩余的柚皮去掉外皮，反复浸泡，挤干水分，去除苦涩口感。由于柚皮属于"瘦物"，不含油脂，口味寡淡，因此加入叉烧粒和葱花补充香味。最后酿入暗酥皮中放入烤箱烘烤成型。这道点心肥而不腻，香而不俗。

*西风东渐*

*

春艾夏藕，秋芋冬糯，时光流转，日趋夜行，小小点心，浓浓情意，是节令的馈赠，是人情的往来，是传承创新的接续。悠悠珠江水，千年广府味，缘起"消失的名菜"，创新至"消失的点心"，后续还将有更多"消失的"味道等待我们重新发掘。广州博物馆与中国大酒店将继续重塑展现城市精神文化的旧时味道，让世界重新认识魅力四射的开放商都，从而彰显广州特色、广州风格、广州气派。

（肆）

# 情味

菜单里的
广州精神

『一方水土养一方人』，

一个地域能形成自己独特的菜系，

必定与这个地方的地理环境、气候、物产、

历史、经济条件有关，

而这些条件同时也与一座城市的文化

有着密不可分的关系。

广州是一座低调、务实且包容的城市，

通过粤菜来解读城市特点，

让人更直观地

体会到这座城市的精神与魅力。

鼎、簋、灶、禽畜、瓜果……一件件深藏于博物馆的文物从时光中走来，为我们讲述粤菜两千多年的发展历史；陆羽居、华南酒家、莲香楼……一张张民国菜单（菜谱）和广告单从尘封中苏醒，向我们展现"食在广州"的辉煌往事。孙中山先生在《建国方略》中对中华民族的饮食之道有过毫不掩饰的赞美："我中国近代文明进化，事事皆落人之后，惟饮食一道之进步，至今尚为各国所不及。"中国饮食文化博大精深，不论是味道、菜式花样，还是营养健康，都可以让国人挺起胸膛，竖起大拇指，喜笑颜开地称赞一声"妙哉！"。可以说，只要中国人能去的地方，一定会留下中国饮食文化的痕迹。粤菜在中华美食文化蓬勃发展的历史脉络中，不容忽视地耀眼存在着。

说起粤菜，人们常常会应声说出"食在广州"。吃饭是最重要的事情，仿佛顶破天的大事都不如"食一餐"来得重要。在大街小巷，经常可以看到广州人对吃的讲究，哪一家食肆"平靓正"，街坊邻里如数家珍。饮食和城市，你中有我，我中有你，城市精神深刻塑造着粤菜的发展历程和特色，饮食文化也潜移默化地滋养着这个城市的灵魂。

广州是南来北往频繁之地，不仅连接中国内陆地区，更连通世界各地。城市开放的特质，让全世界的人都为粤菜带来生长的营养，更将对粤菜的喜爱传到全世界。粤菜以极具吸引力的姿态发展至今，与它自身独有的精神魅力密不可分。自粤菜诞生之日起，就有着强大的生命力和创造力。粤菜的发展空间因其自身所蕴含的兼收并蓄、务实自然、工匠精神、宽和包容，有着无限边界，以它独特的魅力立于长久不败之地。粤菜因此成为中国饮食乃至世界饮食浓墨重彩的一笔。

## 兼收并蓄，中外南北相交共融

秦始皇平定岭南，拉开了中原与岭南交流的序幕，粤菜便开始牙牙学语、蹒跚学步。在接下来的几千年岁月中，它如春草萌芽般不断成长。粤菜诞生于水运发达、物产丰饶的濒海之地，长于商业发达、思想开阔的自由环境，烹饪、调味、用料、用具等方面全面发展。注重传承而不困陷于固化的传统，汲取长处而不溺于全盘接受的怪圈是粤菜的本质。发展至唐代，粤菜已初具体系。到了明清时期，粤菜体系的格局形成并走向成熟。粤菜于千年岁月中成长为参天大树，郁郁葱葱。

翻看民国时期粤菜的菜谱和菜单，会发现许多非本土的饮食文化。洋为中用，古为今用，这都是文化交汇所带来的各地特色风味的融合，从而慢慢形成本地化的美味粤菜。在民国菜单与菜谱中，有传自北方面食文化的点心，虽然《广东新语》记载，"广人以面性热，不以为饭"，但北方面食文化进入岭南地区后，不断被改良创新，与本土饮食习惯相互融合，逐步形成在当时颇受欢迎和追捧的菜品。如龙凤灌汤饺，堪称粤式点心中最珍贵的一款，品尝过的食客赞叹其轻轻一咬足以媲美满桌盛宴。再如香煎卤肉包，传到广州之后，结合其自有的北方美食口味予以粤式做法的改良，使其增添了别样的南方风味。

还有一些菜品，名字乍一看似乎与粤菜毫不相关，容易给人以错觉。如"五柳鱼"，原是清代福建五柳居饭店的招牌菜，传至广东后，人们用当地腌菜配搭五柳鱼，形成了绝妙的组合，味道更为丰富有层次感，久而久之，粤式五柳鱼独树一帜，而其中的特色腌菜更被称为"五柳菜"。

中西饮食文化是世界范围内个性较强的两种不同文化，二者之间的诸多不同给粤菜发展带来很多灵感。鸦片战争以后，中国的大门被迫打开，西方人的生活方式渗透了广州本地人的生活，中西菜式有了融合，有的西方人出于交往或享受的需要，向中国友人介绍西方菜点及其制法。粤菜师傅们从中学习，吸取精华，不断探索创新，让西式特色风味饮食及观念融入粤菜当中。在民国菜单和菜谱中最具代表性的有咖啡奶糕、茨蓉布甸等。咖啡奶糕在民国时期是一道经典的美食，将中国的千层糕与西方的咖啡豆完美地融合，咖啡增添了千层糕的味道层次，是中西饮食交融的成功之作。在中国和西方，咖啡奶糕同属新鲜玩意，在当时，无论是国人还是洋人，都十分喜欢。

　　粤菜经过长时间的发展，在吸取了各大菜系所长后逐渐形成自己独树一帜的风格。民国之后，粤菜更是吸收了西餐的烹饪技艺，在 20 世纪 30 年代达到巅峰。粤菜中所蕴含的集众家所长的包容精神，正是广州城市精神特点之一。

## 敢想敢吃　敢为人先

　　要说用料"生猛"，粤菜当之无愧。民国时就流传着"天上飞的、地上跑的、水里游的，广州人什么都吃"的生动评价。更夸张的，"广州人除了四条腿的桌子不吃，什么都吃"。虽是一句随口而说的戏言，但以小窥大，足以见得广州人灵活变通、开放兼容的饮食心态。在饮食上百无禁忌、什么都敢吃的特点，则可从侧面反映出广州人敢想敢干的精神。敢为人先，不画地为牢，擅长打破束缚，善于变通，具备"做第一个吃螃蟹的人"的开放探索精神。

我国是历史悠久的统一的多民族国家,多元一体是先人留给我们的丰厚遗产,各民族共同创造了悠久的中国历史、灿烂的中华文化。不同的文化之间有了交流,产生了沟通与争论,才有可能触发进步与繁荣。多元、多样、差别永远是文明文化繁荣发展的根本立足点。

回顾粤菜的发展历程,若是仅靠粤菜本身单枪匹马,绝不可能有如今的成就。粤菜的每一道菜品,内涵都是丰富的。看似寻常,实则包含了天下。"食在广州"这四个字,若是仅从在广州吃本土菜理解,不免过于狭隘,更应当理解为五湖四海的菜品皆可在广州品尝。或许后面还应补充一句,"食尽天下"。广州丰富多彩的饮食文化是多元文化交汇融合的结晶。从粤菜里能看到全世界不同地区、不同民族的饮食习俗,这表明粤菜一直保持着向其他菜系和饮食文化谦虚学习的姿态,粤厨们自然而然地具有创新向上的驱动力,深刻体现出广州人兼收并蓄、海纳百川的饮食心态与开放精神。

## 务实经济　崇尚自然

务实自然,是粤菜与广州这座城市共生共存的精神精髓之一。粤菜在千百年吸收其他菜系所长的过程中,并没有发生"乱花渐欲迷人眼"的悲剧,其原因就在于此。粤菜于两千多年的发展过程中,将不适宜自身发展的东西一一淘汰。广州人在品尝粤菜时讲究实际实惠,即使是邀客,也不喜铺张浪费,追求吃得好、吃得精、吃得新鲜、吃得享受,与追求大吃大喝、排场脸面的饮食习惯形成了鲜明的对比。粤式饮食注重营养与健康,拒绝大鱼大肉,拒绝重油、重盐、重口味。长期饮食文化的演变,其中就有现代文明社会发展前进中对不良习俗的摒弃。

对于一些浮夸、华而不实的东西，老广的食客们常常能一眼看穿本质。他们即使一时被好看精致的外表或好听响亮的噱头吸引，也会在咬一口品尝一下后摇摇头，长叹一声"得个睇"，放下碗筷，扬长而去。若是味道有"镬气"，便是"酒香不怕巷子深"，哪怕是犄角旮旯，也能繁荣兴旺。可若是味道不对，即便冠以"米其林"之类的名头，最终也只会关门收场。少讲虚名，多讲实在；少讲空话，多讲落实；少讲天马行空，多讲脚踏实地，这是广州人务实精神的自然流露，可爱可敬。

粤菜在食材的选取中注重经济实在、因材施艺，不昂贵、不浪费、不铺张，取之自然，用之尽然。用简单、常见的食材，搭配高超的技艺和巧妙的做法，就可以呈现出令人回味无穷的广府美味。在餐馆档口里，冒着热气的菜上齐了，人们气定神闲饮着茶，品尝着朴实无华的菜肴，欣赏着外面的风景，感受着淳朴热情的服务。饱餐一顿，人间美好，暖上心头，回味无穷。

粤菜的务实自然，表现在追求新鲜、享受食物的"本味"和"鲜味"。或许抬眼一看、随手一摘，一道美食的原料便齐全了。筵席里的"二生果"与"二京果"中的生果就是树上刚摘下来的果子，用新鲜的水果在餐前唤醒沉睡的味蕾，生果和京果的选择和搭配会随时令变化而更改，既养眼又开胃，将粤菜追求务实和新鲜的特点体现得淋漓尽致。夜合鸡肝雀片拼脆皮珍肝夹，鸡汤、鸡肝、鸡肉片……以鸡的各部分入菜，巧妙并充分地运用了每一样食材，口味绝佳，绝无浪费。

粤菜食材的选用极其讲究且丰富多样，鲜少使用昂贵且珍稀的原材料。以全节瓜为例，将外表完好的节瓜瓤掏空，以空心节瓜身为容器，再酿入猪头肉、虾肉、虾米、冬菇打成的肉馅，用鱼汤把节瓜浸泡入味，出锅后再以高汤入芡。普通的用料，做出了一等一的味道。不好高骛远，注重实干精神，致力于用平凡的食材做出不平凡的味道。

广式点心可谓广州人的心头好。但在广式点心中，存在着一个有趣的现象：引厨入点。而这个现象常常令外地市民不解。凤爪、豆豉排骨、鲜粟虾仁脯、西施蟹肉盒、糯米鸡等点心在外地人看来倒像是大菜或主食，可为何这些菜肴会出现在广式点心的菜单之中呢？"引厨入点"即用点心的分量制作主食菜式，这也充分体现了粤菜务实、节俭的特点。

以前粤菜制作中，厨房与点心两个部门并没有做很大的区分，大家同属一个厨房工作，工艺、食材、制作步骤各部门皆互相了解。此外，面粉对于多数北方面点来说属必需品，用面粉做皮才能称之为面点、点心。广式点心则不拘一格，广式点心中的凤爪、排骨等点心样式不存在要用面粉做皮的步骤，也能作为点心上桌。即便是西施蟹肉盒，虽然它的制作步骤中存在做皮的环节，但不用面粉，而是用肥猪肉。"引厨入点"实际上就是"厨为点，点为厨"，厨房可以做到的品种，点心都可以做；点心可以做到的品种，厨房都可以做。这就是厨房的菜式会出现在点心门类中的原因。"引厨入点"的特点，并不意味着广州人不够豪爽大气，相反，这代表了广州人注重实际、低调务实的精神品质。近些年市场上逐渐流行起"小份菜"饮食风尚，这种务实的饮食习俗广东早在百年前就已形成。

## 精益求精的工匠精神

工匠精神，体现在粤菜，就是把匠心融入烹饪的每一个看不到的细节中，凡事想在前。心怀匠心的人，一路前行，璀璨光明，如同被阳光照耀着，看得高，走得远。技艺代代相传，匠心也当随之代代相传。重现民国粤菜，特别是与现今差别较大或已失传的菜品，对于厨师来说，难度非常大，重塑是还原加创新的过程，充满挑战。若重现的菜品是民国时期的经典之作，厨师们要成功还原制作，登上巍峨高山，工匠精神则是那不可缺席的天梯。"消失的名菜"的初心，便是凭借历史文献，挖掘菜品背后的典故，高度还原一批"消失的名菜"，以一席精彩的粤菜佳宴再现传统广府味，致敬匠心精神，弘扬传承粤菜文化。

中国大酒店厨师团队从广州博物馆拿到这一批民国菜单菜谱等资料，兴奋之余，更感觉需要敬重历史，更需要精细创新。在四热荤之煎明虾碌这道菜中，处理虾的步骤尤为重要，需遵循传统的七步剪虾法。中国大酒店厨师回忆还原制作的过程时感叹道，民国师傅对虾的处理真的是让他们好像变回了学生，重新上了一堂课。传统七步剪虾法有它特别的章法，顺序、方向均有讲究，若无老师傅的悉心教导，不见得能轻易掌握其门道。用这样的方式处理过的虾，烹制出来后爽滑弹牙，层次鲜明，口感丰富，口味独特。

工匠精神不是一个口号。练就工匠精神，非一日之功，法则之一就是苦练技艺。鸡粒梅花饺是传统的粤式点心，造型美观，栩栩如生，是筵席才会制作的花色点心；梅花饺是用传统点心制作手法中的叠捏法来制作的，是一种比较有难度的手法；古法脆皮糯米鸡，源自百年前粤菜师傅，制作中"起皮"的环节，要保证鸡皮完整如初、薄如蝉翼，最考验厨师烹饪的绣花功夫。换句话说，熟练掌握叠捏法和"起皮"的粤厨，都不是一般的粤厨。

"消失的名菜"，吃的是民国名菜，品的是匠心精神。绿柳垂丝／戈渣是一道体现厨师匠心手艺的"绣花菜"，对火候的把控十分重要，要求极高。为了结合现代健康饮食，摒弃传统高油高脂肪的鸡子浓汤，创新地改用海鲜熬成浓汤，小火长时间推煮汤汁，推成糊状，待冷冻后裹粉油炸。轻咬一口，酥脆的外壳里迸发出美味汤汁，浓缩的汤汁呈现的不仅仅是海鲜的美味，更是师傅们多年火候把控的厨艺缩影。传统淮扬菜中的扬州炒饭，饭焦虽然香脆，但容易上火，不适宜广州人的体质。粤厨们进行改良，舍弃饭焦，直接炒饭。这道淮扬菜出身的扬州炒饭，摇身一变，成为经粤艺改良而来的传统名菜。身为厨师的快乐，不过就是"做得用心，吃得开心"，将自己的巧思和匠心借助"会说话"的菜肴传递给食客。在匠心的加持下，厨师与食客之间的相遇定是一场又一场的佳话。

在过去，食客追求"吃得好、吃得精"，喜爱精致精妙的点心造型，但世事变迁，当下社会人心浮躁，追求快速高效，现在更多的商家更在意菜品的实惠性，耗时、费力、花功夫的点心便逐渐淡出人们的视野，许多技艺手法也随之淡去。那个时代早已结束，在那个时代生活过的人，也逐渐离开，痕迹也会慢慢消退。也许再过几十年，人们研究民国历史和文化，只能拼命地翻阅古籍文献，在脑海中勾勒以前的世界。

"消失的名菜"的推出，就是为解决这一难题而做出的努力和尝试，通过文献与口述，让民国粤菜与现代粤菜之间的传承不断层，并尝试让民国粤菜焕发出新的生机，重回现代市场，让那些精妙的技艺，不再仅仅只是典籍文献中的一段话，而是这个世界上活生生的存在。

## 宽和包容　市场至上

在粤菜的"各种选择"上，非常能体现出粤商宽和包容的服务精神。民国时，"食在广州"就已声名远扬。不同地区饮食习惯差异较大，初来广州的朋友，一时间不知粤菜的分量，点多了，怕吃不完，点少了又怕不够吃。在纠结矛盾的心情之下，打开菜单，豁然开朗，眉头一下子舒展开来。

粤菜种类繁多，自由搭配，丰俭由人，按需选择，不会让食客处于分量与食量不对应的尴尬境地。自食客踏入店门的那一刻起，粤商就用他们宽和包容的胸怀迎接来自天南地北的众多食客。民国时期，广州食肆举办筵席的能力当属全国之最，而筵席中规格的命名，内涵丰富，如"十大件""八大八小""普通九碗头"等，除了从名字上能知晓当前的菜肴价格高低、是否餐前小菜、是否硬菜，也能知晓菜的分量。在构思菜名的环节，粤商就尽可能地将菜式菜样的选择权和主动权交到食客手中，食客们可根据自身的喜好、食量、消费能力按需选择。简而言之，就是"顾客满意，市场认可"，一切都以消费者的需求为标准。

此外，在民国，广州人习惯用食具的大小代表上菜的分量，对食具的使用也讲究丰俭由人。食量大的点大份，食量小的点小份。分量大的用大的食具，分量小的用小的食具，一一对应。如伊面九寸，即用九寸的碟盛载伊面。而且每一种规格的菜碟盛的肉类与菜的比例也是固定的，一个厨师看到器皿的大小，就知道要做多少分量的菜。这充分体现了粤菜行业日益规范化，也体现了广州粤商丰俭由人的服务精神。

从古至今，饮食行业是对价格相对敏感的行业。农业丰歉、商业运作好坏、货品的热销程度等都会通过价格的浮动直接反映出来。菜单也是饮食行业成本中的一项。菜单的设计、印刷细节，往往能体现粤商的特点。早在民国时期，粤商已关注到人们对饮食品鉴的更高要求，食客追求新鲜和新颖的饮食享受，商家便在菜单上予以呈现。粤菜向来以菜式品种丰富闻名天下，几乎能满足不同人对于口味和新鲜感的追求，但一次性将茶楼食肆能做的菜品印刷到菜单，一来过于累赘不利于阅读，二来菜单制作成本也增大了，因此粤商推出"星期菜单"。星期菜单，顾名思义，就是每周变换推介一批精美点心菜品应市。星期菜单充分展现了民国时期粤商们的营销策略和粤厨们高超的厨艺及巧思。金银鸡蛋糕是广式点心首创的一类，也是"星期点心"的其中一款。此款蛋糕两种味道、两种颜色，做法极为讲究。以金银蛋糕为代表，可见，星期点心不仅讲究颜色搭配，还讲究菜品命名悦耳有文采。星期菜单不但见证着广州民国时期饮食行业的发达和粤商们的智慧，同时也能折射出民国时期造纸、印刷行业的发展状况。

茶在粤菜中是不可缺少的重要元素。茶楼茶馆，更是以茶来命名的餐饮场所。茶对于广州人而言，能润喉，能解渴，能解腻，能养生，与饭食点心搭配在一起，可谓是相得益彰。品食时，茶能使饭食更加可口，饭食也能消解茶的苦涩。茶的品种众多，口味各不相同，不同的人喜欢喝不同的茶。同一道菜品，用不同的茶种搭配，也会产生不同的风味。早在民国时期，粤商们眼光独到，抓住人们对饮茶的需求，对来来往往的食客推行"问位点茶"的服务，这让当时的食客大为称赞。"问位点茶"的意思就是一起来的食客，每个人都可以按照自己的口味点茶，不同的茶，价格也不一样，可见粤菜之美，在于宽和包容。

粤菜宽和包容的独特魅力还体现在思想观念的超前上。民国菜单上就写着"为社会服务"这五个大字，由此可见其思想的前瞻性。（见前插页图Ⅵ）宽和包容的思想精神几乎贯穿粤菜发展的始终。粤菜对内用开放务实的姿态提升自己，对外也同样用包容的胸怀服务大众。中国是个讲礼仪的国家。孔子说："君子和而不同，小人同而不和。"（《论语·子路》）广州地理位置优越，陆路水运，四通八达，汇聚了南来北往、五湖四海的人。若是缺少宽和包容的胸怀，粤厨们如何能集百家之精髓光大粤菜，广州如何能得以不断发展繁荣？两千多年的城市发展，广州逐渐形成敢为人先、热情好客、宽和包容、开放创新的精神，这是粤菜延续千年不断的源泉，也是广州长久繁荣的源动力所在。

粤菜与广州是密不可分的统一体。广州滋养着粤菜的发展，粤菜也反哺着广州。了解陌生城市最好最快的方式之一，就是品尝当地的美食，感受当地的味道。一座城市的饮食文化，很大程度上彰显了一座城市的气质。民国粤菜发展至今，虽有些许技艺菜谱即将失传或已然失传，但粤菜中的精神却不会因为技艺的失传而荡然无存。

百年前，街坊邻里叫卖声一片，"卖芝麻糊喽""食过包你更醒目……""……卜卜脆"，大街小巷热闹非凡。许是精致漂亮的茶楼，许是码头临时搭建的帐篷，又许是随处可见的档口，劳作之后，吆喝三五好友落座，店小二便会使出浑身解数来招待。百年后，T恤一套，拖鞋一穿，手往口袋一插，晃晃悠悠来到酒楼"美美食一顿"，"问位点茶""星期菜单""奉香巾净面洗尘"的服务习惯现在仍有保留。现在的广州一如百年前那样宽和包容，对本地人而言，是自在随性；对异乡人而言，是宾至如归。这是粤菜的魅力，更是广州百年、千年如一日的魅力。

（伍）

融合

从名楼名菜中

读懂广州

始建于明代的镇海楼，

是中华历史文化名楼，

也是广州最具代表性的文化地标。

昨日之镇海楼，今日之博物馆，

往昔护卫巍巍大城，目下保育千年文脉，

历史的尘埃扑面而来，

传统和现实的时空在这里

渐相交汇。

始建于明洪武十三年（1380）的镇海楼，是中华历史文化名楼，也是广州最具代表性的文化地标之一，广州博物馆所在地。古楼巍巍，城墙蛰伏，游人如织，山景一色。昨日镇海楼捍卫南方大城，今日博物馆保育千年文脉，历史的尘埃扑面而来，让人顿生今夕何夕之感。走进博物馆，文物藏品历历在目，诉说着往昔的故事，勾连起传统和现实的情绪。

　　"食在广州"是最响亮的城市名片。从青铜器、陶器到泛黄的百年菜单、菜谱，都封存着消失的味道，是探寻"食在广州"与城市精神的独特材料。追寻味道以跨越百年时空，登古老城标以营造历史现场，在承载城市历史的博物馆来一场"由纸面到餐桌"的文物活化、味道重现的粤菜体验之旅，是理解历史传统、坚定文化自信、读懂广州这座城市的有益尝试。

## 打造沉浸式的文化体验

尘封的菜谱，消失的味道，古老的名楼，现代的技术，是"消失的名菜"项目的基本定位。菜谱与场景早已齐全，只欠把菜品从纸面变成实体这道"东风"。2020年以来，广州博物馆与中国大酒店数度携手，先后推出"消失的名菜"第一、第二季，"消失的月饼"第一季，"消失的点心""消失的饮料"等主题活动，终于让名菜、名点不仅仅留存于文字想象，而是真正变成可触、可闻、可品的佳肴，成为在历史原址可赏、可鉴、可沉醉、可升华的文化体验，获得越来越多的关注。从单一项目跨界合作向打造"粤菜创意＋文物活化"城市文旅融合新样板的价值内涵升级，成为必然。

还原"消失的名菜"，除着力于文物本身的活化、复原和重塑以外，还需将其与广州博物馆主馆址——镇海楼相结合，打造成沉浸式体验文创项目，并由此延伸出丰富多元的文化活动。"消失的名菜"第一、第二季，以"文化＋美食"的形式，在广州老城标、传统中轴线镇海楼，依托广州博物馆一年一度的"镇海楼之夜"，结合艺术展演的形式进行展现，将从文物里走出来的民国粤式名菜，以多维度的方式打造成具有浓郁岭南风味的视听盛宴。

当代广州与镇海楼处在同一时空，呼吸着同一方清爽的空气。月与竹、柏俱存，人与闲情皆在，老菜单沉睡了近百年，等待一个被发现、采撷的时机。消失的粤味，将在文史活化、匠人手作、名楼美景下重生。华灯初上，花城烟火，霓虹灯下的镇海楼褪去白日的威严，披上一层神秘的薄纱，在舒缓的音乐下，仿佛一位穿着红色礼服的美丽女子，斜倚在越秀山闲适地发呆。"消失的名菜"第一季在这诗一般的场景下揭开面纱。

同在越秀山下,中国大酒店作为国内首批中外合作五星级酒店,国际与在地文化深度交融的基因,对创造性传承与创新性发展广府饮食文化有独到的理解。在镇海楼下首发,在中国大酒店的餐桌上感动更多中外食客的味蕾,这是"博物馆+文旅"的缘分。为了突出民国筵席的规制与特点,"消失的名菜"第一季在餐桌布置上特地选用了有暗纹的白色桌布与黑金配色的靠背椅,低调中尽显奢华;服务人员则身着黑色改良旗袍,外搭红底团花连理枝刺绣外套,再配以现场布置的仿古花鸟屏风,有穿越回民国,目睹广州著名食肆开宴盛况之感。在筵席的设计上,中国大酒店宴会团队对所使用的器皿搭配巧用心思,将1984年酒店开业时收藏的广彩碟作为装饰盘呈现在客人面前,30多年前酒店流行的鎏金器皿用来盛放"四热荤",增添了筵席的精致与规格感。除此以外,中国大酒店创造性地将广彩技艺融入筵席菜单的制作中,设计开发文创产品"广彩碟菜单"赠送来宾。盘中烧制菜单,突破了纸质菜单的局限,体现了制作方的创新有为,表达了对客人的重视与欢迎,让广彩碟同时拥有了观赏性和实用性,打造了富有岭南特色的新文创。小小一件瓷碟,映照的是古今文化的传承与发展,是国人对传统文化的深深眷恋。

首发式上,民国粤菜与传统广府诗歌表演等多种艺术形式巧妙串联,在"美食"与"诗歌"的景情互见、交融中,多维度打造具有浓郁岭南风味的视听盛宴。粤语歌谣《落雨大》童音琅琅的合唱声拉开了活动序幕,以广州博物馆一级文物《镇海楼赋》为蓝本的诗歌悠扬朗诵,讲述着镇海楼的壮丽雄伟和悠久历史。现场还通过纪录片讲述了广州博物馆与中国大酒店团队对传统粤式名菜的溯源、研究、试验和创作的完整过程,充分展现了岭南传统饮食文化的精髓和本土文化情怀。

台上朗诵声如磬，歌声如鸾鸣，舞蹈如白鹤求偶，赏心悦目。台下，服务人员捧着托盘优雅地穿梭于席位间，为食客呈上各色精致菜肴。以茶代酒，主人尽显待客之道；推杯换盏，宾主共享朗月清风。

一年之后，"消失的名菜"第二季再次登上镇海楼，延续第一季做法，以历史文物建筑原址为舞台，通过"文艺＋美食"的形式再度首发。在灯光璀璨的镇海楼广场前，通过《传承与创新：消失的名菜2》纪录片的展播、创作团队讲述等方式，为观众娓娓道出第二季"消失的名菜"精工匠心之处，展现了一道道传统粤菜从纸面到餐桌的重塑过程，充分展现了传统粤菜所蕴含的匠人精神、绣花功夫以及吉祥寓意。在文物原址以艺术手法活化文物、品尝"文物"，可以说是一种全新而独特的文化体验和文创项目。

"消失的名菜"第二季，把菜品还原的切入点放在了绣花功夫上，因此在餐桌和服务人员的修饰上比第一季下了更大的功夫。第二季选用湖蓝色带暗纹的桌布，沉静的颜色让人撇去浮躁，更好地体味厨师在菜品上的绣花功夫。服务人员也换上一身蓝色基调的改良旗袍：藏蓝的修身长裙主体镶着紫色的布边，从腰部开出一个叉拼接花鸟纹的刺绣布料，颈部两行一字扣垂下由串珠和绳结组成的流苏式挂饰，衬得姑娘们犹如一个个画满纹饰的长颈青花瓷瓶。这样充满古韵味的服装设计，是中华历史的结晶与现代设计的碰撞。值得一提的是，第二季在器皿上同样用心，中国大酒店专门烧制了配套餐具。为了突出食物的魅力，这套餐具简化了广彩碟花团锦簇的纹饰，仅在边缘印上花鸟图画。这样的现代广彩碟，既保留了广彩瓷器的古韵味，又紧跟现下流行的简约潮流。

## 博物馆里"吃文物"

继两季"消失的名菜"在镇海楼首发并推向市场后，2022年春节期间，广州博物馆与中国大酒店团队再度携手，还原重塑了在粤菜中占据半壁江山的点心。为了让市民更好地体会名点与名楼的魅力，结合中国传统节庆，广州博物馆以常态化的方式在镇海楼下、明城墙边、老电车旁推出"消失的点心"体验活动。三五张带伞小圆桌、精心装饰的老电车车厢，一家明城墙边的民国风情露天餐厅就这么"开张"了，游客可以在这里品尝活化的文物，追忆往昔的味道。重新开放的"大通道"老电车一洗往日尘埃，绿色框架和橙色座靠组成的电车座位重新焕发光彩；由浅黄色条状木板和酒红色圆形铁皮拼成的地板在工作人员不断地维护和修缮下依旧坚稳。透过车窗看风景，有一种从现代穿越回历史的梦境之感。老电车记录了广州城的时代变迁，坐在此处品尝点心，仿佛是在漫长的"食光之旅"中品味历史，目光所及都是历史，如何能不令人沉醉其间？[64]

64 在老电车旁、明城墙边、镇海楼下品尝百年前的粤式名点，感受博物馆的原址沉浸式文创新体验

"博物馆里吃文物"活动，让市民在镇海楼下、明城墙边、老电车旁沉浸式品尝从文物中活化、还原、重塑出来的民国时期流行的广式点心，让消失的味道不再失落于时光。让参观者体验在博物馆里"吃文物"的新参观模式，已赢得社会的认可和市场热捧。从文化项目逐渐成为文化品牌，"消失的名菜"系列在探索文物活化利用新方法和新路径的实践中又迈出坚实的一步。

## 从文化项目到文化品牌

"消失的名菜"一经推出便得到社会的广泛关注和市场洗礼。从 2021 年第 130 届广交会接待重要来宾的主题筵席、2021 年在广州举行的第六届"读懂中国"国际会议主题筵席、2021 年广州国际美食节特色产品"乐韵粤宴"、2021 年广州市文化广电旅游局举办的"广州欢迎您"系列活动文化展演，到 2022 年广州举行的国家级美食盛会——中华美食荟暨粤港澳美食嘉年华……"消失的名菜"登上众多经济和文化交流平台，向大湾区、中国乃至世界展现粤菜文化创新和融合的魅力，以粤菜精神展现城市的文化内核，堪称以菜会友，连通世界的"民间外交"，突破地域限制，和我国其他"出圈"的菜品齐聚一堂，成为代表广州文化的新事物之一。截至 2021 年底，该项目带来直接经济收益超 350 万元。

地道的广府味道、精致的菜式，激发了市民的消费热情，更引领着广州旅游消费市场新态势。"消失的名菜"系列筵席可谓抢占了旅游业复苏蝶变的新风口，也引领全社会通过餐桌上的一饭一蔬，认识广州，读懂广州，热爱广州。

为了让这一文旅融合的品牌更加深入人心，广州博物馆与中国

# 消失的名菜
## Rediscovery

大酒店以创意元素组合，设计发布"消失的名菜"品牌标识，完整表达"传承与重塑"的核心理念。标识由"七巧板"拼砌而成，体现广州人包容与创新的时代特点；红、黄、蓝、绿等颜色是代表岭南文化的满洲窗的经典配色，同时寓意酸、甜、苦、辣四种味觉体验；由镇海楼各类屋檐拼成代表名菜的"名"字，寓意"消失的名菜"品牌讲好新时代文物故事，守护本土历史文化；点睛之笔则在于"碗"的图案，采用不着色的方式，生动地将"消失"二字的内涵用平面方式表现出来，寓意"消失的名菜"开创性地让封存在博物馆文物中的菜式得以"复活"，彰显广州实现老城市新活力的决心与以绣花功夫推动文化传承延续的行动。广州博物馆与中国大酒店数度携手，不断深挖岭南优秀传统文化内核，多维度探索文化赋能、文旅融合，持续升级迭代品牌相关产品和体验，保持"消失的名菜"品牌长久的生命力。

一路走来，消失的名菜、消失的点心、消失的月饼，一道道失传的美食随着师傅们娴熟的技艺重新出现在大众视野。文物活化给文博事业带来新的生机。文物不应该仅仅陈列在展柜中，更重要的是存留于每个人的心里。过去的生活现场无从回溯，一些以文字或实物形式承载的文化正走向灭失。如何让更多人领略传统文化的精粹，如何创造当下的新生活与新文化？"消失的名菜"品牌探索出一条新路——跨界融合，文物不再曲高和寡；加强研究，体现了广州人对传统文化根脉的信仰，展现了通商口岸广州向世界展现东方魅力之都的自信。

"中国南大门""国际贸易中心城市""千年商都"……广州，在两千多年历史文化的滋养下，被赋予丰富的品牌标识。"食在广州"成为最响亮的城市名片和城市符号，通过美食认识广州，走近广州，读懂广州，这是最接地气的方式。一饭一蔬之间，都沉淀凝聚着广州城市的性格和人文精神。

广州菜肴，养育了广州人的成长；广州文化，丰富着广州的人文历史。广州闻名于过去，发展于当下，未来，在千千万万广州人的努力下，将向着创造更美好生活的方向勇毅前行。

后记

活化深藏在广州博物馆的老菜单和老菜谱，重现广州古早味道，是博物馆多年的夙愿。直到 2019 年，在长期研究广州近代历史的朱晓秋副馆长进入广州博物馆主持宣教工作后，终于得以实施。基于其多年的研究与思考，在博物馆和餐饮界的跨界联动下，特别是在与岭南商旅集团旗下中国大酒店的灵感碰撞下，以"消失的名菜"点燃典藏，并以此命名项目，进而推向公众视野。从前期文献资料的搜集整理，文物的释读解读，菜式菜品的讨论，创作试验和品尝过程的影音像记录，宣传推广稿件的撰写，配套宣传材料的制作审核，社教活动的沟通协调、现场主持和调度等，再到项目和衍生的文创产品的落地，都离不开广州博物馆领导班子、宣教团队的默默努力和全馆上下的通力合作，以及中国大酒店研发团队全程的匠心呈现。

　　多年来，参与该项目的广博人积累了大量民国粤菜相关的文献资料以及与项目相关的文案和影像资料，却囿于时间和契机，尚未系统整理成文。得益于 2022 年中共广州市委常委、宣传部部长杜新山的热烈倡议和大力支持，广州博物馆、岭南商旅集团和广州出版社通力合作，使"消失的名菜"出版工作迈出关键的一步。从纸面文物到餐桌大菜，现在又从餐桌回归书稿，《消失的名菜》一书汇聚了多年来广博人对民国粤菜和"消失的名菜"项目的思考理解和研究成果，以及全过程的回溯和记录。从项目的缘起到具体的还原过程，从两千年粤菜历史的溯源到民国粤菜的辉煌，由文物菜单、菜谱上的历史信息映照近代广州社会生活的侧影，从独立的子系列汇聚成根深叶茂的品牌项目，回首来时路，可以让我们未来的发展之路走得更为沉稳有力。

在本书的编撰过程中，我们经历了为时数天的对中国大酒店研发团队马拉松式的口述采访，观看了多达数百个的粤菜行尊采访、研发团队研发试验的音像视频，通过整理笔录，广泛搜罗相关文献材料，将与粤菜源流发展相关的馆藏文物融会贯通，对老菜单进行多维度的释读，并尝试对这个项目、这段历史、这个城市给出一份独特的理解。我们的撰稿团队非常年轻，有三分之二是2000年前后出生的新生代，参与项目的时间有长有短，但依然希望通过他们略显稚嫩而生机勃勃的目光，为粤菜历史的书写注入一些新鲜的力量，无愧于那些听录音、看视频、整理材料、刨根问底和深夜写稿的时光。

本书共分为六大部分，其中"缘起：从老菜单里引发的思考"由李沛琦执笔，"溯源：博物馆里的广州味道"由邓颖瑜执笔，"在地：食在广州的近代往事"由李明晖执笔，"寻味：从纸面到餐桌"由朱嘉明和李明晖共同执笔，"情味：菜单里的广州精神"由卓泰然执笔，"融合：从名楼名菜中读懂广州"由温梦琳及中国大酒店公关团队共同执笔。全书由朱晓秋副馆长负责统稿。中国大酒店团队毫无保留地提供了研发过程的资料，并根据实践经验为书稿提供合理的意见和建议；餐饮团队及公关团队协助"消失的名菜"系列菜式图片的拍摄；酒店资深宴会统筹经理苏侃先生以独特的江湖体书写全书每一道菜式的名字以及每个章节的名称，为书籍的设计提供了独具匠心的素材。

此书能够付梓，感谢一同为此耕耘的同人的辛勤付出，感谢粤菜业界前辈的支持，在资料搜集、口述访谈中让我们获益良多。此外，还要感谢出版社各位同人，以及一直关注与支持广州博物馆的兄弟同行、媒体朋友！

因本书撰稿团队能力所限，不当之处在所难免，敬请专家同行批评指正。

广州博物馆

中国大酒店

2023 年 5 月

图书在版编目（CIP）数据

消失的名菜 / 广州博物馆著 . — 广州：广州出版
社，2023.8
ISBN 978-7-5462-3629-2

Ⅰ . ①消… Ⅱ . ①广… Ⅲ . ①饮食－文化史－广州
Ⅳ . ① TS971.202.651

中国国家版本馆 CIP 数据核字 (2023) 第 138577 号


出 版 人　柳宗慧
书　　名　消失的名菜
　　　　　Xiaoshi De Mingcai
出版发行　广州出版社
　　　　　（地址：广州市天河区天润路 87 号广建大厦 9、10 楼
　　　　　邮政编码：510635　网址：www.gzcbs.com.cn）
责任编辑　郑　薇　蚁燕娟
责任校对　李少芳　王俊婕　窦兵兵
装帧设计　许天琪　李朋蓺
印　　刷　深圳市国际彩印有限公司
　　　　　（地址：深圳市龙华区大浪街道同胜社区同富裕三期崴信彩盒印刷厂 D1 层
　　　　　邮政编码：518101）
开　　本　787 毫米 ×1092 毫米　1/16
印　　张　19.75
插　　页　6
字　　数　238 千
版　　次　2023 年 8 月第 1 版
印　　次　2023 年 8 月第 1 次
书　　号　ISBN 978-7-5462-3629-2
定　　价　108.00 元


发行专线：（020）38903520　38903521
如发现印装质量问题，影响阅读，请与承印厂联系调换